核电厂水化学概述

主　编　苏淑娟

原子能出版社

图书在版编目(CIP)数据

核电厂水化学概述/苏淑娟主编．—北京:原子能出版社,2010.3

ISBN 978-7-5022-4991-5

(核电厂新员工入厂培训系列教材)

Ⅰ.①核… Ⅱ.①苏… Ⅲ.①核电厂—水化学 Ⅳ.①TM623

中国版本图书馆 CIP 数据核字(2010)第 134211 号

内 容 简 介

本书介绍了压水堆核电厂有关的水化学基础知识。全书共分六章,内容包括水的特性、压水堆的放射性、结构材料的腐蚀与防护、一回路和二回路的水化学、水化学准则和质量控制、放射性污染及其处理等。考虑到核电厂水化学是一门实用性学科,书中特别注意理论基础知识和核电厂实际的结合。

本书是中国核工业集团公司《核电厂新员工入厂培训系列教材》之一,也可供从事核电工程的相关人员参考。

核电厂水化学概述

出版发行 原子能出版社(北京市海淀区阜成路 43 号 100048)
责任编辑 谭 俊
技术编辑 丁怀兰 王亚翠
责任印制 潘玉玲
印 刷 保定市中画美凯印刷有限公司
经 销 全国新华书店
开 本 787 mm×1092 mm 1/16
印 张 10 **字 数** 240 千字
版 次 2010 年 9 月第 1 版 2010 年 9 月第 1 次印刷
书 号 ISBN 978-7-5022-4991-5 **定 价** **50.00 元**

网址:http://www.aep.com.cn **E-mail:atomep123@126.com**
发行电话:010-68452845

中国核工业集团公司
核电培训教材编审委员会

核电厂新员工基础理论培训教材
编　辑　部

总　序

核工业作为国家高科技战略性产业，是国家安全的重要基石、重要的清洁能源供应，以及综合国力和大国地位的重要标志。

1978 年以来，我国核工业第二次创业。中国核工业集团公司走出了一条以我为主发展民族核电的成功道路。在长期的核电设计、建造、运行和管理过程中，积累了丰富的实践和理论经验，在与国际同行合作过程中，实现了技术和管理与国际先进水平相接轨，取得了骄人的业绩。

中国核工业集团公司在三十多年的核电建设中，经历了起步、小批量建设、快速发展三个阶段。我国先后建成了秦山、大亚湾、田湾三大核电基地，实现了我国大陆核电“零”的突破、国产化的重大跨越、核电管理与国际接轨，走出了一条以我为主，发展民族核电的成功之路。在最近几年中，发展尤为迅猛。截至 2008 年底，核电运行机组 11 台，装机容量 907.82 万千瓦，全部稳定运行，态势良好。

进入新世纪，党中央、国务院和中央军委对核工业发展高度重视、极为关怀，对核工业做出了新的战略决策。胡锦涛总书记指出：“无论从促进经济社会发展看，还是从保障国家安全看，我们都必须切实把我国核事业发展好”。发展核电是优化能源结构、保障能源安全、满足经济社会发展需求的重要途径。2007 年 10 月，国务院正式颁布了《核电中长期发展规划(2005—2020 年)》。核电进入了快速、规模化、跨越式发展的新阶段。

在中国核电大发展之际，中国核工业集团公司继续以“核安全是核工业的生命线”的核安全文化理念和“透明、坦诚和开放”的企业管理心态，以推动核电又好又快又安全发展为己任，为加速培养核电发展所需的各类人才，组织核电领域专家，全面系统地对核电设计、工程建造、电厂调试、生产准备和生产运营等各阶段的知识进行了梳理，构造了有逻辑性、系统性的核电知识体系，形成了覆盖核电各阶段的核电工程培训系列教材。

这套教材作为培养核电人才的重要工具，是国内目前第一套专业化、体系化、公开出版的核电人才培养系列教材，有助于开展培训工作，提高培训质量、节约培训成本，夯实核电发展基础。它集中了全集团的优势，突出高起点、实用性强，是集团化、专业化运作的又一次实践，是中国核工业50余年知识管理的积淀，是中国核工业10万人多年总结和实践经验的结晶。

21世纪是“以人为本”的知识经济时代，拥有足够的优秀人才是企业持续发展的重要基础。中国核工业集团公司愿以这套教材为核电发展开路，为业界理论探讨、实践交流提供参考。

我们要继续以科学发展观为指导，认真贯彻落实党中央、国务院的指示精神，积极推进核电产业发展。特别是要把总结核电建设经验作为一项长期的工作来抓，不断更新和完善人才教育培训体系。

核电培训系列教材可广泛用于核电厂人员培训，也可用于核电管理者的学习工具书，对于有针对性地解决核电厂生产实践和管理问题具有重要的参考价值。

中国核工业集团公司总经理 孙勤

2009年9月9日

前　言

《核电厂水化学概述》是根据核电厂新员工（非操纵人员）基础理论培训的基本要求，在编写大纲、广泛听取核电厂意见的基础上编写而成的，是中国核工业集团公司核电培训教材编制规划中《核电厂新员工入厂培训系列教材》之一。

本书是基础理论性的培训教材。针对培训对象的专业较杂、核电基础知识较薄弱、工作岗位为非操纵人员的特点，本书以讲授化学基本概念、基本原理为主，尽量避免公式推导和复杂的化学反应过程。尽可能结合核电厂实际，注意实用性，做到深入浅出。同时，本书也充分考虑到学科本身的系统性、完整性，且具有核电厂水化学的通用性。

本书共六章：第一章水的特性，是围绕自然界中水的组成、性质以及在压水堆核电厂应用中所涉及的水化学基础知识。第二章压水堆的放射性，讲解了压水堆化学的基本内容，包括相关的核化学基础知识、压水堆放射性物质的来源和组成以及如何判断燃料元件破损。第三章压水堆结构材料的腐蚀与防护，介绍了金属腐蚀与金属保护的基础知识，压水堆核电厂通常采用的结构材料，一、二回路结构材料的腐蚀特点、影响因素及其危害；还包括蒸汽发生器的保养以及活化的腐蚀产物的迁移、沉积及其危害。第四章一、二回路的水化学，重点讲解压水堆核电厂一回路冷却剂——水的辐照分解过程、分解产物及加氢的目的；压水堆核电厂一回路冷却剂加入可溶性中子吸收剂的目的和作用；向一回路冷却剂中添加 pH 控制剂的目的和意义；水的净化方法以及核电厂所用除盐水制备的原理、基本方法及应用；一回路冷却剂的净化原理、工艺流程及相关的知识；介绍了一回路化学和容积控制系统的概况等。本章包括二回路水化学内容，讨论了二回路炉水 pH 值控制及水处理的原理和方法；二回路循环冷却水处理的原理和方法。本章还介绍了我国二回路水化学的改进与 WANO 化学指标状况的研究。第五章水化学准则和质量控制，介绍了水化学准则和一、二回路水的质量标准，水化学监测工作的重要性及分析技术的应用。第六章放射性污染及其处理，讲解了去污的必要性，系统和设备化学去污的原理和方法；放射性废水的产生及其处理等。第四章是本教材的重点。

本书在编写和出版过程中，得到了中国核工业集团公司领导的关心支持，核工业研究生部组织策划了本书的编写和初审工作，核动力运行研究所、中核集团相关核电厂、原子能出版社等单位也给予了大力帮助；在本书大纲的审查、内容的研讨和审稿过程中，各方专家提出了宝贵的意见，秦建华同志为本书提供了部分参考资料，在此一并表示诚挚的感谢！

由于编者水平有限，错误和不足之处在所难免，敬请读者批评指正。

主编

2010年3月

目　录

第一章　水的特性

第二章　压水堆的放射性

第三章 压水堆结构材料的腐蚀与防护

第四章 一、二回路的水化学

第五章　水化学准则和质量控制

第六章　放射性污染及其处理

第一章　水的特性

1.1　自然界中的水

1.1.1　水的天然组成

水是地球上分布最广的物质，它几乎占去了地球表面的四分之三，充满了所有天然的贮水池，而形成海洋、河川和湖泊。天然水永远不会是绝对纯净的。当水由地面的上层渗入下层时，沿途就溶解了各种物质。所以在井水、泉水、河水及湖水中总含有各种溶质，这些溶质在各种淡水中的含量并不一定，通常约在0.01％～0.05％左右。海水中溶质含量可达4％，食盐是其主要部分。大洋中的水含盐量约为3.5％。

(1) 硬水及其软化

天然水和土壤、矿石相接触，可溶解许多物质。例如，$CaCO_3$和$MgCO_3$，它们本不溶于水，但在溶有CO_2的水中，则能使它们溶解，生成可溶性的碳酸氢钙和碳酸氢镁。反应式如下：

$$CaCO_3 + H_2O + CO_2 = Ca(HCO_3)_2 \quad (1\text{-}1\text{-}1)$$

$$MgCO_3 + H_2O + CO_2 = Mg(HCO_3)_2 \quad (1\text{-}1\text{-}2)$$

工业上根据水里含有Ca^{2+}和Mg^{2+}的多少，把天然水分为两种：溶有较多量Ca^{2+}和Mg^{2+}的水叫做硬水。溶有少量Ca^{2+}和Mg^{2+}的水叫做软水。

如果水的硬度是由碳酸氢钙或碳酸氢镁所引起的，这种硬度叫做暂时硬度。具有暂时硬度的水经过煮沸以后，所含的碳酸氢盐就分解而生成不溶性的碳酸盐。这样，很容易从水中除去Ca^{2+}和Mg^{2+}，水的硬度就变低了，硬水就变为软水了。反应式如下：

$$Ca(HCO_3)_2 \xlongequal{\triangle} CaCO_3 \downarrow + H_2O + CO_2 \uparrow \quad (1\text{-}1\text{-}3)$$

$$Mg(HCO_3)_2 \xlongequal{\triangle} MgCO_3 \downarrow + H_2O + CO_2 \uparrow \quad (1\text{-}1\text{-}4)$$

如果水中溶有钙和镁的硫酸盐或氯化物，其中所含的钙和镁离子不能用加热的方法去掉，这种硬度叫永久硬度。如果考虑水中阴离子的组成，又可把硬度区分为碳酸盐硬度和非碳酸盐硬度。一般的天然水都含有钙和镁的氯化物和硫酸盐，同时还含有钙和镁的酸式碳酸盐。

如何来界定硬水和软水呢？引入一个新的概念——硬度，它是用来表征水的软、硬程度的。硬度是原水水质的重要指标，尤其高压锅炉用水，对硬度指标要求极为严格。硬度单位通常是用“度”来表示的，但此种表示不够明确，世界各国并未统一：如德国和前苏联是用CaO来表示；法国、英国和美国是用$CaCO_3$来表示；而我国则以Ca^{2+}和Mg^{2+}总量来表示。根据我国现行的法定计量单位表示是mol/L或mmol / L。

硬水对日常生活和工业生产都是非常不利的，软水在许多工业生产部门已广为应用。

硬水软化的方法有以下几种：

1）药剂软化法

常用的药剂有石灰、纯碱、磷酸三钠和硼砂等。根据需要可用一种或几种药剂。如以下反应方程式：

$$Ca(HCO_3)_2 + Ca(OH)_2 = 2CaCO_3\downarrow + 2H_2O \quad (1\text{-}1\text{-}5)$$

$$Mg(HCO_3)_2 + Ca(OH)_2 = CaCO_3\downarrow + MgCO_3\downarrow + 2H_2O \quad (1\text{-}1\text{-}6)$$

$$MgSO_4 + Na_2CO_3 = MgCO_3\downarrow + Na_2SO_4 \quad (1\text{-}1\text{-}7)$$

$$3CaCl_2 + 2Na_3PO_4 = Ca_3(PO_4)_2\downarrow + 6NaCl \quad (1\text{-}1\text{-}8)$$

反应终了，加沉淀剂澄清后得软水。此操作复杂，但成本低，适于处理大量的高硬度的水，常作为水软化的初步处理。

2）离子交换法

曾采用泡沸石——铝硅酸钠（$NaAlSi_2O_6$）用作离子交换剂，现代使用盐型离子交换树脂来降低水的硬度。

3）水软化的其他办法

在大规模滤水时，使用由沙砾和石子组成的过滤器；小规模的过滤采用烧结玻璃、特制的过滤材料和过滤膜等。过滤法只能除掉水中不溶性杂质。除此还可采用蒸馏的办法。

(2）天然水的九种组分

水是由两个氢原子和一个氧原子所组成，长期存在于自然界中稳定的氢同位素相对原子质量分别为 1 和 2；稳定的氧有三种同位素，其相对原子质量分别为 16、17 和 18，由于它们相互作用，生成九种水，$H_2{}^{16}O$、$H_2{}^{17}O$、$H_2{}^{18}O$、$HD^{16}O$、$HD^{17}O$、$HD^{18}O$、$D_2{}^{16}O$、$D_2{}^{17}O$ 和 $D_2{}^{18}O$。根据氢、氧同位素丰度可知，自然界普通水中，除 99.78%以上的 $H_2{}^{16}O$ 外，还含有另外八种水，其中有 $H_2{}^{17}O$、$H_2{}^{18}O$ 和 $D_2{}^{16}O$，还有极少量的 $HD^{16}O$、$HD^{17}O$、$HD^{18}O$、$D_2{}^{17}O$ 和 $D_2{}^{18}O$。

自然界普通水常称作天然水，是指水中氢和氧的同位素都属于天然组成。另外，天然水中含有极少量的重水，其中 D 的原子百分数为 0.015 %。

重水（D_2O）指水分子中的氢（^2H）完全是相对原子质量等于 2 的重同位素氘（D），而氧的三种同位素则是天然组成。在重水化学研究中经常遇到“重氧水”（$H_2{}^{18}O$）。重氧水是由天然组成的两种氢同位素^1H、^2H(D)和^{18}O（包括^{17}O）化合生成的水。D_2O 和 $H_2{}^{18}O$ 的相对分子质量，比 H_2O 的相对分子质量都大出约 11%，因此 D_2O 和 $H_2{}^{18}O$ 的密度都比 H_2O 的大出约 11%。但是关于二者热力学性质及物理常数，情况就不同了。因为 D 的同位素效应要比^{18}O 的大得多，并且一个 D_2O 分子中有两个 D 原子，其 D_2O 和 $H_2{}^{18}O$ 的沸点、蒸汽压（25 ℃时）等物理常数就有差别了，这就是实现同位素分离的基础。

轻水，从同位素应用与研究的角度看，除去了氘（D）、氧-18（^{18}O）和氧-17（^{17}O），完全由氢-1（^1H）和氧-16（^{16}O）组成的水（$^1H_2{}^{16}O$）才称作轻水。以此区别于天然组成的天然水，这在同位素化学的研究与应用中非常重要。

1.1.2 水的物理性质和化学性质

(1）水的物理性质及相变

1）水

纯水是无色、无味、无臭的透明液体。水的密度以 4 ℃时为最大，温度高于或低于 4 ℃

时，它的密度都要小一些。水还有一种对生物界具有重大意义的特性，即在所有的固态及液态物质中，以水的比热为最大。所以冬天水不易冷却，夏天水不易变热，成为地球上温度的调节器。在科学研究中，水还是确定许多物理常数和单位的一种基准物质。例如，在标准压力(1.01×10^5 Pa)下，将纯水的凝固点和沸点分别定为 0 ℃和 100 ℃，从而制定了摄氏温度，也就是说，纯水的冰点被用作为摄氏温度计的起点，用数字 0 表示；标准压力下水的沸点在温度计上标为 100；1 cm^3 的纯水，在 4 ℃时的质量为 1.000 0 g；将 1 g 纯水从 14.5 ℃升温到 15.5 ℃所需热量定为 4.184 0 焦[耳]，用符号 J 表示等。

2) 水蒸气

水和所有其他液体一样，在开口的容器中，或快或慢地蒸发着。如将液体置于密闭的空的或充满某种气体的空间，则液体将蒸发到与其所生成的蒸汽间建立动平衡时为止。在动平衡状态下，每单位时间内被蒸发出来的分子数，与回到液体中的分子数相等。当蒸汽和生成蒸汽的液体处于平衡状态时，此蒸汽称为饱和蒸汽。蒸发是吸热过程。根据吕·查德里原理，温度升高可使液体和其蒸汽间的平衡移向生成蒸汽的一方，同时蒸汽压也增大。见表 1-1-1。

当某一液体的蒸汽压等于外界压力时，液体就沸腾起来。

由水变成蒸汽时吸收大量的热，相反的，蒸汽变成水时，就放出同样的热量。

表 1-1-1　不同温度下，水蒸气的蒸汽压

温度/℃		0	20	40	60	80	100
蒸汽压	帕[斯卡](Pa)	6.13×10^2	2.32×10^3	7.33×10^3	1.99×10^4	4.74×10^4	1.01×10^5
	毫米汞柱(mmHg)	4.6	17.4	55.0	149.2	355.5	760

3) 冰

如果在常温下，从温度为 0 ℃的水中取出热量，则水即变成固态——冰。反过来，若将温度为 0 ℃的冰加热，则它融解成水或水及冰的混合物。若不吸热也不向外界放热时，则保持不变。由此可得下列定义：一物质的凝固点，同时也是其熔点，为该物质的液相和其固相达到平衡时的温度。水在凝固时每摩尔质量放出的热量等于冰融解时所吸收的热量。水变成冰时体积增大很多，冰的相对密度只有 0.92，即冰比水轻。冰和水一样也能蒸发。在密闭的空间，冰继续蒸发到它所生成蒸汽压等于该温度所应有的一定值时为止。0 ℃时冰的蒸汽压和 0 ℃时水的蒸汽压相等。

水的蒸汽压和温度的关系，以及水同时以数种相共同存在的条件：压力是 6.13×10^2 Pa (相当 4.6 mmHg)，温度是 +0.01 ℃。这点称为三相点。

(2) 水的化学性质

1) 水分子在被加热时，表现出具有很大的稳定性。在温度高于 1 000 ℃时，水蒸气明显地开始离解成为氢和氧。因为这个过程进行时会吸收热量，增高温度，平衡向右方移动，即使在 2 000 ℃时水的离解度也不过是 1.8%。温度降低到 1 000 ℃以下时，平衡几乎全部向生成水的方向移动。在常温时，生成游离的氢分子和氧分子的量极少，以致我们不易觉察到。

$$2H_2O \longrightarrow 2H_2 + O_2 - 572\ \text{kJ} \qquad (1\text{-}1\text{-}9)$$

2）虽然水在加热时很稳定，但它是很容易起反应的物质，如：许多金属和非金属的氧化物和水反应生成碱或酸；许多盐和水生成结晶水合物；最活泼的金属与水互相作用放出氢气等。

（3）水分子的组成、结构与极性

水是氢在氧中的燃烧产物，其质量组成是：氢 11.11%、氧 88.89%。近代用 X 射线研究，进一步发现水分子为折线性结构，即两个 H—O 共价键间的夹角为 104.5°，从而说明了水分子是个具有偶极矩（$\mu=6.17\times10^{-3}$ C · m）的极性分子，见图 1-1-1。

由于极性水分子与其他分子或离子间的相互作用——水合作用，使得水溶液中的分子或离子为水分子层层包围，即形成水合分子或水合离子（常以 aq 注解），见图 1-1-2 表示离子型化合物氯化钠（NaCl）溶解时，受极性水分子作用变成水合钠离子[Na^+(aq)]和水合氯离子[Cl^-(aq)]的情况。由于此种作用，减弱了外电场或阴、阳离子之间的作用力。此外水的介电常数较大，阴、阳离子之间在水中的作用力仅是真空中的 1/ 78.5。故离子型化合物在水中易以阴、阳离子形式存在，反之，阴、阳离子在水中不易结合。所以，水是离子型化合物的优质溶剂。

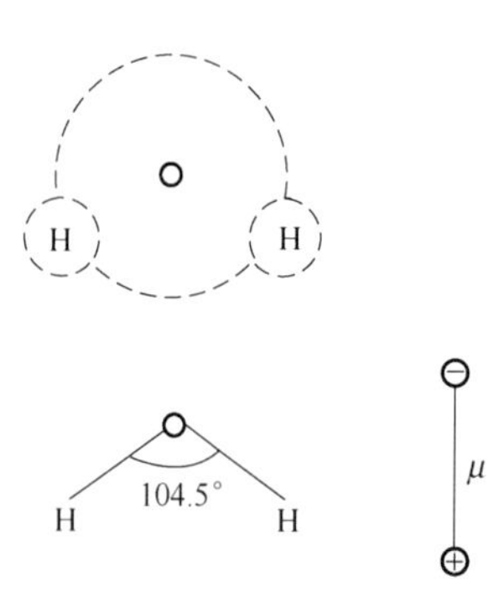

图 1-1-1 水分子的结构与极性
（上图为水分子的立体模型；
下图为水分子的结构式及极性）

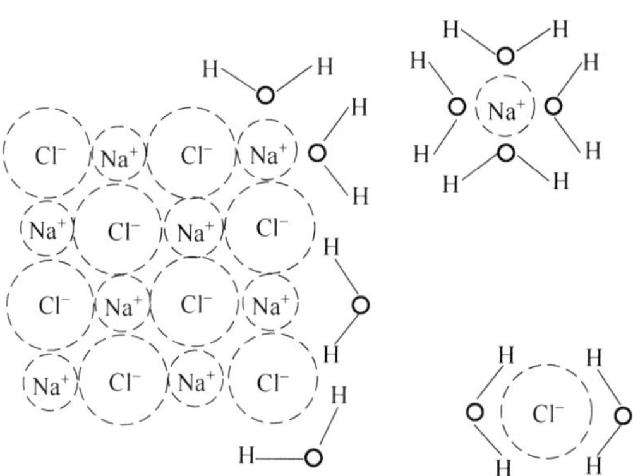

图 1-1-2 氯化钠的溶解与水合离子

（4）水分子的缔合

水分子的偶极相互吸引，并通过“氢键”而形成多分子的聚集状态。极性水分子在外电场或离子的作用下，会发生定向排列——取向，即其荷正电的一端（氢）指向电场的负极或阴离子，荷负电的一端（氧）指向电场的正极或阳离子。如图 1-1-3 所示。液态水中除含有简单的分子 H_2O 外，同时含有较复杂的分子，这些复杂分子和简单分子处于平衡状态。复杂分子的组成可用通式 $(H_2O)_x$ 表示。这种由简单分子结合成比较复杂的分子，而不引起物质的化学性质改变的现象，称为分子的缔合。一般地说，分子的缔合是其极性所引起的。由于极性，分子彼此以异性相吸引，因而形成双分子、三分子等等，见图 1-1-3。但对水来说，缔合主要的原因是由于形成所谓“氢”键的缘故。研究认为，与负电性强的元素（尤其是氟和氧）作共价结合的氢原子，还可以再和此类元素的另一原子相结合。此时所形成的第二个键，称为氢键。

氢原子的这种特性是由于它给出自己唯一的电子，和负电性强的元素生成共价键时，剩下一个很小的核，几乎没有电子云。所以它不受其他原子的电子云的排斥，相反地却发生吸引，因而可以和其他原子的电子云相互作用，形成氢键。液态水中，某个水分子中的氢原子和另一个水分子中的氧原子形成氢键，如图 1-1-4 所示。

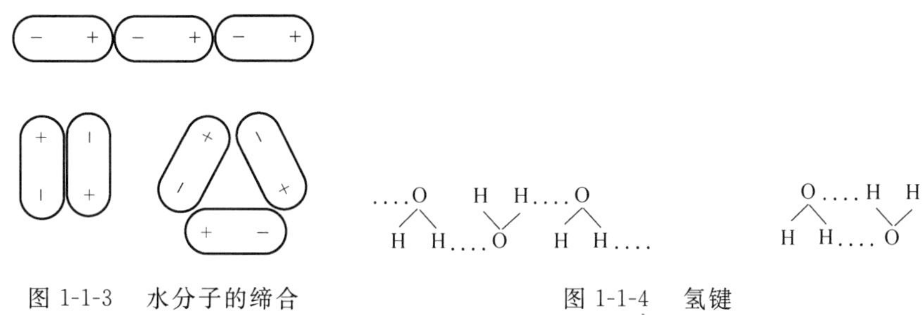

图 1-1-3　水分子的缔合　　　　图 1-1-4　氢键

水中较复杂的分子聚集体就是由这种方式生成的。双分子水$(H_2O)_2$具有最大的稳定性。显然，它是由形成两个氢键所产生。

前面所讲到的水的反常现象，可用水分子的缔合来解释。假设在 0 ℃时，水的大部分由分子$(H_2O)_3$组成。从 0 ℃加热到 4 ℃时，三分子离解，而生成双分子$(H_2O)_2$。由于双分子中含有两个氢键的缘故，所以使水的密度增大。继续加热，双分子分解成简单的分子，水的密度就逐渐减小。不过即使在 100 ℃时，水和蒸汽中还含有一些双分子，因此在 100 ℃时，水蒸气密度仍不完全符合于水的简单式 H_2O。

水的比热很大，这也可用复杂分子在加热时发生离解的事实来解释。因为在离解过程中吸收热量，所以在水加热时，热量不仅消耗于升高温度，也消耗于聚合分子的分解。

1.2　水的离解与 pH 值

1.2.1　电离度和电离平衡

(1) 强电解质和弱电解质

通常我们把在水溶液中完全或几乎完全电离的电解质，叫做强电解质。

一般说来，强电解质包括具有典型离子键的强碱，如氢氧化钠（NaOH）、氢氧化钾（KOH）、氢氧化钡$[Ba(OH)_2]$等，大多数的盐，如氯化钠（NaCl）、氯化钾（KCl）、硝酸钾（KNO_3）等，以及具有强极性键的强酸，如盐酸（HCl）、硝酸（HNO_3）、硫酸（H_2SO_4）等。

在水溶液中部分电离的电解质叫做弱电解质。弱电解质一般包括具有弱极性键的弱酸、弱碱，如碳酸（H_2CO_3）、醋酸（CH_3COOH）、氨水（$NH_3 \cdot H_2O$）等。

(2) 弱电解质的电离平衡和电离度

弱电解质在溶液中，只有少数电离成离子。在弱电解质的电离过程中，一方面分子不断地电离成阴离子和阳离子；另一方面阴离子和阳离子互相吸引，又重新结合成分子。所以，弱电解质电离是可逆的。当电离进行到一定程度时，分子电离成离子的速度与离子重新结合成分子的速度相等，即达到动态平衡。这种平衡叫电离平衡。

例如：醋酸的电离过程可表示如下：

$$CH_3COOH \rightleftharpoons CH_3COO^- + H^+ \tag{1-2-1}$$

在电离平衡时，溶液中已电离的溶质分子数和溶解的溶质分子总数之比，叫做电离度。电离度通常用百分数来表示：

$$\text{电离度}(\alpha) = \frac{\text{已电离的溶质分子数}}{\text{溶解的溶质分子总数}} \times 100\% \tag{1-2-2}$$

例如：18 ℃时，在 0.1 mol/L 的醋酸溶液里，每 10 000 个醋酸分子里有 133 个分子电离成离子。它的电离度是：

$$\alpha = \frac{133}{10\ 000} \times 100\% = 1.33\% \tag{1-2-3}$$

电离度不仅与电解质和溶剂的本性有关，也与电解质溶液的浓度和温度有关。浓度越小，电离度越大。反之，浓度越大，电离度就越小。一般常见的弱电解质在 18 ℃的电离度见表 1-2-1。从表中可见：不同的弱电解质在浓度相同时，它们的电离度不同，其电离度的大小，可以表示弱电解质的相对强弱。

表 1-2-1　在 18 ℃时，0.1 mol/L 溶液里某些弱电解质的电离度

电解质	分子式	电离度/%	电解质	分子式	电离度/%
氢氟酸	HF	8.00	醋酸（乙酸）	CH_3COOH	1.33
亚硝酸	HNO_2	6.50	氢氰酸	HCN	0.01
甲酸	HCOOH	4.37	氨水	$NH_3 \cdot H_2O$	1.34

（3）电离常数

弱电解质的电离平衡是服从化学平衡的一般规律，例如，醋酸的电离见式（1-2-1）。

当电离达到平衡时，电离生成的离子浓度的乘积与未电离的醋酸浓度之比，应等于一个常数 K_i：

$$\frac{c(H^+)c(CH_3COO^-)}{c(CH_3COOH)} = K_i \tag{1-2-4}$$

式中 $c(CH_3COO^-)$ 和 $c(H^+)$ 分别表示溶液中醋酸根离子和氢离子的浓度。$c(CH_3COOH)$ 表示未电离的醋酸分子的浓度。K_i 叫电离常数。

在一定温度下，各种弱电解质都有确定的电离常数。K_i 越大，达到平衡时离子浓度也大，即电解质电离得越多。例如，醋酸和氢氰酸都是弱酸，在常温时，0.1 mol/L 醋酸溶液，其 K_i 值是 1.80×10^{-5}，而 0.1 mol/L 氢氰酸溶液的 K_i 值是 6.2×10^{-10}，所以氢氰酸是比醋酸更弱的酸。

多元弱酸的电离是分步进行的，例如：

$$H_3PO_4 \xrightleftharpoons{K_1} H^+ + H_2PO_4^- \tag{1-2-5}$$

$$H_2PO_4 \xrightleftharpoons{K_2} H^+ + HPO_4^{2-} \tag{1-2-6}$$

$$HPO_4^{2-} \xrightleftharpoons{K_3} H^+ + PO_4^{3-} \tag{1-2-7}$$

它的每一步电离都有它的电离常数，这些电离常数也各不相同。通常用 K_1、K_2、K_3 等加以区别。比较多元弱酸各步电离的电离常数，可以看出，$K_1>K_2>K_3$。以磷酸为例，K_1比 K_2约大 10^5倍，K_2比 K_3约大 10^5倍。可见溶液的强弱主要由第一步电离所决定。所以一般就用 K_1作为多元酸的电离常数。多元碱也是分级电离的。

不同的电解质具有不同的电离常数。表 1-2-2 是几种常见的弱电解质的电离常数。

表 1-2-2 常见的几种弱电解质的电离常数(25 ℃)

电解质	电离常数	电解质	电离常数
醋酸 (CH_3COOH)	1.8×10^{-5}	磷酸 (H_3PO_4)	$K_1=7.6\times10^{-3}$ $K_2=6.3\times10^{-8}$ $K_3=4.33\times10^{-13}$
碳酸 (H_2CO_3)	$K_1=4.2\times10^{-7}$ $K_2=5.6\times10^{-11}$	亚硫酸 (H_2SO_3)	$K_1=1.26\times10^{-2}$ $K_2=6.3\times10^{-8}$
氢氰酸 (HCN)	6.2×10^{-10}	氢硫酸 (H_2S)	$K_1=9.1\times10^{-8}$ $K_2=1.1\times10^{-10}$
氢氟酸 (HF)	6.6×10^{-4}	氨水 ($NH_3\cdot H_2O$)	1.8×10^{-5}

1.2.2 水的离子积、pH 值及其计算

(1)水的离子积

纯水是一种特别弱的电解质，用精密仪器可测出它有很微弱的导电能力，这说明水能电离(或称离解)成很少量的氢离子、可写作 $c(H^+)$和氢氧根离子、可写作 $c(OH^-)$，纯水电离时，发生如下变化：

$$H_2O \longrightarrow H^+ + OH^- \tag{1-2-8}$$

质子(H^+)因其很小而强烈地吸引极性水分子：

$$H^+ + H_2O \longrightarrow H_3O^+ \tag{1-2-9}$$

因此，极少量的水分子的离解反应为：

$$2H_2O \longrightarrow H_3O^+ + OH^- \tag{1-2-10}$$

达到平衡时，习惯上将其写成：

$$H_2O \rightleftharpoons H^+ + OH^- \tag{1-2-11}$$

当然，这里的 OH^-、H^+或 H_3O^+都是水合离子，H_3O^+又称水合氢离子。未电离的分子(H_2O)的浓度，与 H^+和 OH^-浓度之间有如下关系：

$$K_i = \frac{c(H^+)c(OH^-)}{c(H_2O)} \tag{1-2-12}$$

上式可改写为：

$$K_i c(H_2O) = c(H^+)c(OH^-) \tag{1-2-13}$$

因为水的电离度很小，可以忽略其已电离的部分，而把未电离的水分子(H_2O)看作一定值。通常以一个新常数 K_w来表示 $K_i c(H_2O)$，叫做水的离子积，等于 $c(H^+)$和 $c(OH^-)$的乘积。

由于水的离解是个吸热的过程，故水的离子积会随温度的升高而增大，见表 1-2-3。

表 1-2-3　不同温度时水的离子积

温度 t/℃	5	10	15	20	25	30	50	100
$K_w/10^{-14}$	0.186	0.293	0.452	0.681	1.008	1.471	5.476	51.3

在常温时（通常指 $T=298$ K 或 24.85 ℃），由纯水的导电实验测得 $c(H^+)$ 和 $c(OH^-)$ 的离子浓度各等于 10^{-7} mol/L，即：

$$c(H^+) = c(OH^-) = 10^{-7} \text{ mol/L}$$

因此，可得到：

$$K_w = c(H^+) \times c(OH^-) = 10^{-7} \times 10^{-7} = 10^{-14} \tag{1-2-14}$$

在常温下，纯水中 $c(H^+)$ 与 $c(OH^-)$ 的乘积总是保持一个定值，即 10^{-14}。

（2）pH 值及其计算

在工作中我们经常要用到一些 H^+ 浓度很小的溶液，如 $c(H^+)$ 等于 10^{-7} mol/L、1.34×10^{-3} mol/L 等等。用这样的数值计算很不方便。根据只有数、数值或量的无量纲组合才能取对数的理念，pH 值采用以 $mol \cdot L^{-1}$ 作单位的氢离子浓度数值常用对数的负值来表示。见下式：

$$pH = -\lg\{c(H^+)/(mol \cdot L^{-1})\}$$

$$pH = -\lg \frac{K_w}{c(OH^-)/(mol \cdot L^{-1})} \tag{1-2-15}$$

由上式可知，若已知氢离子浓度或氢氧离子浓度均可用公式计算溶液的 pH 值。表 1-2-4所列的是稀溶液中的氢离子和氢氧离子浓度、pH 值与溶液酸碱性的关系。

表 1-2-4　水溶液的酸碱性（室温附近）

酸碱性	离子浓度		相应的酸碱指数	
	$c(H^+)/(mol \cdot L^{-1})$	$c(OH^-)/(mol \cdot L^{-1})$	pH	pOH
中性	1.0×10^{-7}	1.0×10^{-7}	7.00	7.00
酸性	$>1.0\times10^{-7}$	$<1.0\times10^{-7}$	<7.00	>7.00
碱性	$<1.0\times10^{-7}$	$>1.0\times10^{-7}$	>7.00	<7.00

［例 1］ 0.1 mol/L $CH_3 \cdot COOH$ 的 $c(H^+)=1.33\times10^{-3}$ mol/L(0.1mol/L 醋酸溶液的电离度为 1.33%），它的 pH 值是：

$\because pH=-\lg\{c(H^+)/(mol \cdot L^{-1})\}$

$\therefore pH=-\lg(1.33\times10^{-3}) = -\lg 1.33-\lg10^{-3} = -0.124+3 = 2.88$

答：略

［例 2］ 计算 0.01 mol/L $NH_3 \cdot H_2O$ 溶液中的 OH^- 浓度和 pH 值。

［解］　设溶液的 OH^- 浓度为 x

$$NH_3 \cdot H_2O \rightleftharpoons NH_4^+ + OH^-$$

平衡浓度 $\quad 0.01-x \qquad x \qquad x$

$$K_i = \frac{c(NH_4^+)c(OH^-)}{c(NH_4OH)}$$

$$1.8 \times 10^{-5} = \frac{x^2}{0.01 - x}$$

$$x = 4.2 \times 10^{-4}\,\text{mol/L}$$

$$c(H^+) = \frac{10^{-14}}{c(OH^-)} = \frac{10^{-14}}{4.2 \times 10^{-4}} = 2.4 \times 10^{-11}\ \text{mol/L}$$

$$pH = -\lg 2.4 \times 10^{-11} = 10.62$$

答：0.01 mol/L $NH_3 \cdot H_2O$ 溶液里 OH^- 离子的浓度为 4.2×10^{-4} mol/L，pH 值为 10.62，约为 11。

实际应用中测定 pH 值有各种不同的方法，最简便地常采用 pH 试纸，它们在酸性、碱性和中性溶液的颜色变化可定性地给出溶液的酸、碱或中性。常用的指示剂有石蕊、酚酞和甲基橙。见表 1-2-5 所示。

表 1-2-5 指示剂的颜色反应

颜色反应 / 指示剂	溶液的反应		
	酸性	中性	碱性
石蕊	红色	紫色	蓝色
酚酞	无色	无色	紫红色
甲基橙	玫瑰红色	橙黄色	黄色

1.2.3 无机物在水中的行为

无机物与水的作用比较复杂，一般笼统地分为溶解、离解和水解三类。

1.2.3.1 固体无机化合物的水溶性

(1) 常见的专业术语

1) 纯净物质

一切物质都是由分子构成，如果构成物质的每一个分子都是相同的，这种物质叫做纯净物质。例如构成水的任一个水分子，它们的大小、质量、熔点、沸点和其他性质都是相同的。但在自然界里，真正纯净的物质是非常少见的，天然水是如此，就连我们食用的食盐，它的主要成分是氯化钠，实际还含有少量的氯化镁，有时略带苦味。

2) 混合物

由两种或两种以上的物质所组成，每种组成物质都保持自己的同一性和特有的性质。比如黑色火药是碳、硫黄和硝酸钾的混合物；花岗岩是石英、长石和云母的混合物；空气是氮、氧、二氧化碳、水蒸气和一些其他气体的混合物；水泥、面粉和汽油是另一类混合物的例子。混合物各组分是可以用物理的办法加以分离。见表 1-2-6。混合物的分离简单地说有如下几种方法：

① 过滤

除去液体中混有不溶于水(或其他溶剂)的固体杂质的一种方法。

② 结晶

几种可溶性物质的分离，主要根据物质的溶解度不同，或温度对于溶解度的影响不同，采用蒸发或冷却的方法，使它们分别进行结晶，从而达到分离的目的。如氢氧化钠、食盐混合液的分离。使粗晶体反复进行溶解、结晶的分离方法，叫做重结晶或再结晶。

③ 萃取

利用溶质在互不相溶的溶剂里的溶解度的不同，用一种溶剂把溶质从它与另一溶剂所组成的溶液里提取出来的方法，叫做萃取。例如苯可以从溴水中萃取溴。

④ 蒸馏

利用液态混合物中各种液体的沸点不同，采用蒸馏的方法进行分离。

3）单质

在化学里，物质的分子，如果是由同种原子组成的，这种物质叫做单质，如氧气(O_2)和氢气(H_2)。

4）化合物

含有两种或两种以上元素，并能被化学反应所分解的物质；或者说通过化学链按照化学计量的方式形成的物质，叫做化合物。例如糖是由碳、氢、氧组成的，在没有空气条件下加热，它会分解为碳和水；水电解可生成氢和氧；食盐电解为钠和氯。见表 1-2-6。

表 1-2-6　溶液与混合物和化合物的比较

项目	混合物	溶液	化合物
形成过程	物理过程	既包括物理过程，又包括化学过程	化学过程
组成	不固定	大多数物质溶解有一定限度溶液的组成不固定	固定
状态	不均一	均一	均一

5）元素

在化学里，把化学性质相同的同一类的原子叫做元素。元素就是同种原子的总称。例如氢元素就是性质相同的许多氢原子的总称；氧元素就是性质相同的许多氧原子的总称。元素和原子这两个名词，从本质上讲，并没有很大的区别。只是元素代表原子的种类，而原子指的是一个个的微粒。因此在讲原子时，可以指明个数；但元素是代表原子的种类，它和原子的个数无关，不论是一个氧原子或多个氧原子，都叫做氧元素。这就是说，原子是有“数量”意义的，而元素是没有数量意义的。

综上所述，在单质里，我们称元素处于游离状态(或简称游离态)。所谓游离状态是指这种元素没有跟别种元素相结合的意思，但这并不是说，组成单质的每个原子都是单独存在的，恰恰相反，在单质里，每个原子是相互结合成分子而存在的。

在化合物里，几种元素的原子相互结合，我们称元素处于化合状态(或简称化合态)。

所以元素可以以游离状态存在于单质中，也可以以化合状态存在于化合物中。

单质分金属和非金属。组成金属单质的元素叫做金属元素，组成非金属单质的元素叫做非金属元素，还有惰性元素三类。

（2）物质的溶解

1）溶液的概念

一种物质（或几种物质）分散到另一种物质里，形成均一的、稳定的混合物叫做溶液。被溶解的物质叫做溶质。能溶解其他物质的物质叫做溶剂。水是最常用的溶剂。但并不是唯一的溶剂。

两种液体互相溶解时，通常将量多的一种叫做溶剂，量少的叫做溶质。

根据溶液是均匀混合物这个事实，几乎任何气体、液体和固体都能够作为其他气体、液体和固体的溶剂。空气是一种气体的均相混合物，因而是一种气态溶液。氧（气体）、乙醇（液体）和糖（固体）各能溶解在水（液体）中形成一种液体溶液，并表现出液体溶液的一般性质。许多合金就是一种固体溶解在另一种固体中的溶液。在化学工作中最常用的溶液是以液体——水作溶剂的。若没有指明其他溶剂时，当人们讲到“溶液”这个词，则总是指的水溶液。

2）物质的溶解过程

物质的溶解过程是物理—化学过程。在水分子作用下，溶质分子或离子扩散到水中，这是物理过程。为了克服分子或离子间的相互引力，这个过程需吸收热量。溶质分子或离子在扩散的同时，与水分子相互作用，生成较稳定的水合分子或水合离子，这是化学过程。水合时有热量产生。

溶解过程的热效应，由上面两种过程中，吸收和放出的热量哪一个较多来决定。例如，硝酸铵溶解在水中，吸收的热量多于放出的热量，所以溶液的温度降低。硫酸溶解在水中，放出的热量多于吸收的热量，所以溶液的温度升高。

1 mol 物质溶解时所吸收（或放出）的热量，称为该物质的溶解热。实际上，很多物质溶解时它们的分子（或离子）与溶剂分子相结合生成化合物，称为溶剂化物（solvate）；这种过程称为溶剂合作用。当溶剂是水时，这些化合物称为水合物，而水合物形成的过程称为水合作用。

3）结晶水合物

在物质形成晶体时，晶体里常结合一定数目的水分子，这样的水分子叫做结晶水。含有结晶水的物质叫做结晶水合物，熟知的水合物的例子有蓝矾 $CuSO_4 \cdot 5H_2O$，当给五水硫酸铜的蓝色晶体 $CuSO_4 \cdot 5H_2O$ 加热时，水被赶走，水合盐的特征晶体结构崩解了，剩下来的是白色的无水盐 $CuSO_4$。

$$CuSO_4 \cdot 5H_2O \rightleftharpoons CuSO_4 + 5H_2O \tag{1-2-16}$$

上述反应是可逆的，给无水盐加水就生成原来的水合盐。在水溶液中所有的离子都是水合的，但在许多情况中，当化合物从水溶液中分离出来时会失去它的水合水。

4）溶解度和影响溶解度的因素

溶解度　在一定温度下，某固体物质在 100 g 溶剂里达到溶解平衡状态时所溶解的克数，叫做这种物质在这种溶剂里的溶解度。

影响因素　物质溶解度的大小，主要由溶质和溶剂本身的性质来决定，外界条件如温度、压强对溶解度也有一定的影响。物质的溶解度和温度的关系，可以用溶解度曲线表示，见图 1-2-1。

大多数固体物质的溶解度随着温度的升高而增大，少数受温度的影响不大，也有极少数物质的溶解度随着温度的升高而减小，例如熟石灰。

气体的溶解度通常是指在一定温度时，某气体在 1.01×10^5 Pa 压力下，1 体积溶剂里达到溶解平衡状态时所溶解的体积数。

气体物质的溶解度随着温度的升高而减小，随压强的增加而增大。化学工程中物理除气就是利用气体在液体中的溶解度遵守亨利定律以及气体转移动力学特性遵守斐克第一定律的原理。

①亨利定律　在一定体积稀溶液中，气体在水中的平衡溶解度或所能溶解某气体的质量同施加于此气体的压力成正比。一种气体在一种液体中的溶解程度，决定于气体和溶剂的本性、压力和温度。

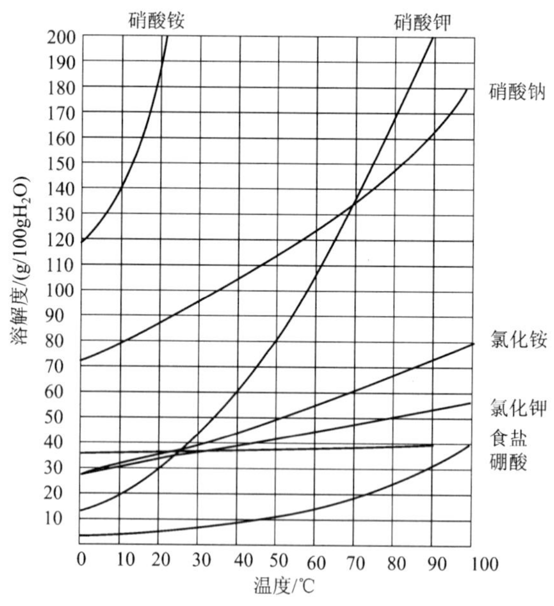

图 1-2-1　固体的溶解度曲线

②斐克第一定律　气体由水中向外扩散的速度与扩散气体和介质的特性有关，并与温度、扩散方向上气体的浓度梯度、扩散面积和扩散时间成正比。

对于各类物质来说，绝对不溶的物质是没有的，固体无机物尤其如此。因为固体无机化合物大多数是离子型或强极性的化合物，它们受极性水分子的作用，或多或少地发生溶解。常见的难溶固体无机化合物参见表 1-2-7。

表 1-2-7　常见的难溶固体无机化合物

物　类	微溶物	难溶物
氯化物(Cl^-)	$PbCl_2$(热水易溶)	$CuCl_2$，$AgCl$，Hg_2Cl_2
硫酸盐(SO_4^{2-})	Ag_2SO_4，$CaSO_4$	$SrSO_4$，$BaSO_4$，$PbSO_4$，Hg_2SO_4
硫化物(S^{2-})		除ⅠA$^+$、ⅡA^{2+}及 NH_4^+ 盐外都难溶
碳酸盐(CO_3^{2-})		除ⅠA$^+$(除 Li^+)及 NH_4^+ 盐外都难溶
磷酸盐(PO_4^{3-})		除ⅠA$^+$(除 Li^+)及 NH_4^+ 盐外都难溶
氢氧化物(OH^-)		除ⅠA$^+$，NH_4^+，Ca^{2+}，Sr^{2+}及 Ba^{2+} 外都难溶

5）风化和潮解　结晶水合物在室温时和干燥的空气里，逐渐失去部分和全部结晶水的现象叫风化，例如晶体碳酸钠($Na_2CO_3\cdot10H_2O$)就易风化而成碳酸钠粉末。

晶体硫酸钠($Na_2SO_4\cdot10H_2O$)风化后成为无水 Na_2SO_4 粉末。见图 1-2-2(a)。结晶水合物在受热时易失掉结晶水。有些晶体能吸收空气里的水蒸气，在晶体的表面逐渐形成溶液，这种现象叫做潮解。例如：$CaCl_2\cdot H_2O$ 置于潮湿空气中，它们会生成较高的水合物，可用来除去空气或其他气体中的潮气。还有像浓硫酸(液体)和氧化磷(P_2O_5)(固体)都是吸湿性物质并用为干燥剂。某些水溶性吸湿固体能从空气中吸收足够的水,使本身完全溶解在所吸收的水中生成溶液,这个过程叫做潮解现象。见图 1-2-2(b)。

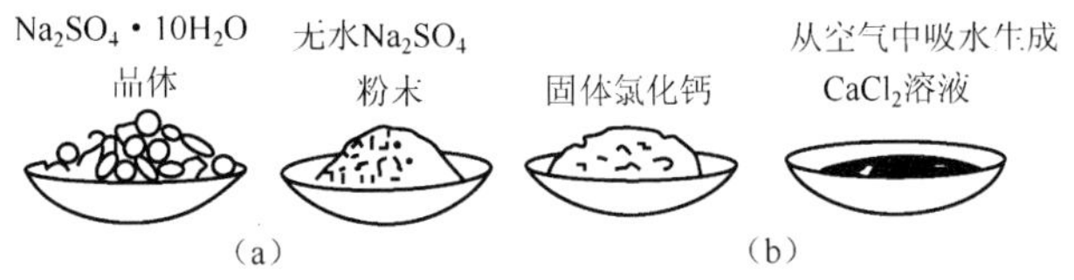

图 1-2-2 风化及潮解

(a) 晶体失水风化崩解成粉末;

(b) 吸湿性物质从空气中吸水而潮解,形成溶液

1.2.3.2 无机化合物的离解

大多数盐和金属氢氧化物的晶体是由阴离子和阳离子构成的。因此它们溶于水后,全部以水合阴离子及水合阳离子存在,即 100%离解。但是实验数据表明,即使像 KCl 这样典型的离子化合物,在其浓度为 0.10 mol·L^{-1}的水溶液中也只有 86%发生离解。这是什么原因呢?研究表明:强电解质(包括强酸、强碱及多数的盐)在任何浓度的溶液中,尽管理论上 100%离解,但由于阴离子与阳离子彼此吸引、相互牵制,在其周围形成荷异电离子的“离子氛”。有时,阴离子与阳离子还缔合成“离子对”,从而使离子不能完全自由移动,所以实验测得的离子浓度称为有效离子浓度或活度(a),比理论上的离子浓度小。正如上述,在 0.10 mol·L^{-1} KCl溶液中,理论上完全离解产生的离子浓度应当是 $c(K^+)=c(Cl^-)=$ 0.1 mol·L^{-1},但实测的有效离子浓度,即活度只有 $a(K^+)=a(Cl^-)=0.086$ mol·L^{-1};大多数无机化合物在水溶液中的离解度小于 100%。通常将浓度为 0.1 mol·L^{-1}时,离解度大于 60%的称为强电解质,离解度在 1%左右的称为弱电解质,离解度居中的称为中强电解质。常见的电解质分类汇集于表 1-2-8 中。

表 1-2-8 常见的强弱电解质

物 类	强电解质	中强电解质	弱电解质
酸	三大强酸 HCl, H_2SO_4, HNO_3 高卤酸 $H\times O_4$($\times$=Cl,Br,I) 卤酸 $H\times O_3$($\times$=Cl,Br,I) 氢卤酸 $H\times$($\times$=Cl,Br,I)	亚硫酸 H_2SO_3 亚硝酸 HNO_2 草酸 $H_2C_2O_4$ 氢氟酸 HF 磷酸 H_3PO_4	氢硫酸 H_2S 醋酸 HAc 碳酸 H_2CO_3 氢氰酸 HCN
碱	MOH(M=I A 族元素) $Sr(OH)_2$ $Ba(OH)_2$		氨水 $NH_3 \cdot H_2O$ 甲胺 CH_3NH_2 苯胺 $C_6H_5NH_2$
盐	绝大多数盐 NaCl,KCl,KNO_3		某些盐 $Pb(Ac)_2$, $HgCl_2$

1.2.3.3 盐类的水解

酸跟碱发生中和反应可得到盐和水。这种盐和溶液中水的 H^+ 离子或 OH^- 离子之间的反应,称为盐的水解。为什么水溶液会显示出酸性或碱性呢?是由于盐类发生了水解反应生成了酸和碱的缘故。

(1) 弱酸和强碱生成的盐

醋酸钠(CH_3COONa)溶解在水中,溶液中存在 Na^+,CH_3COO^-,H^+ 和 OH^- 四种离子。氢离子和酸根离子结合成难电离的醋酸(CH_3COOH),破坏了水的电离平衡。随着溶液中 H^+ 离子的减小,水的电离平衡向右移动,溶液中 OH^- 离子浓度大于 H^+ 离子浓度、溶液呈碱性,pH>7。所以弱酸和强碱生成的盐的水解,都呈碱性。

分子方程式为:

$$CH_3COONa + H_2O \rightleftharpoons NaOH + CH_3COOH \quad (1\text{-}2\text{-}17)$$

(2) 强酸和弱碱生成的盐

氯化铵(NH_4Cl)溶解在水里,溶液中存在着 NH_4^+、Cl^-、H^+ 和 OH^- 四种离子。NH_4^+ 和 OH^- 结合而生成难电离的 $NH_3 \cdot H_2O$,同理溶液中 H^+ 浓度大于 OH^- 浓度,溶液显酸性,pH<7。所以强酸和弱碱生成盐的水解,都呈酸性。

分子方程式为:

$$NH_4Cl + H_2O \rightleftharpoons NH_3 \cdot H_2O + HCl \quad (1\text{-}2\text{-}18)$$

(3) 弱酸和弱碱生成的盐

醋酸铵(CH_3COONH_4),在水溶液中存在 NH_4^+,CH_3COO^-,H^+,OH^- 四种离子。水解方程式为:

$$CH_3COONH_4 + H_2O \rightleftharpoons NH_3 \cdot H_2O + CH_3COOH \quad (1\text{-}2\text{-}19)$$

由于盐电离出来的阴离子和阳离子分别与 H^+ 离子及 OH^- 离子结合,生成弱酸和弱碱,所以溶液的酸碱性,决定于生成的弱酸、弱碱的相对强度,如 CH_3COOH 和 $NH_3 \cdot H_2O$ 的 K_i 都是 1.8×10^{-5},所以 CH_3COONH_4 溶液是中性的。

又如氰酸铵(NH_4CN)在水溶液中,存在 NH_4^+,CN^-,H^+,OH^- 四种离子。

水解方程式:

$$NH_4CN + H_2O \rightleftharpoons NH_3 \cdot H_2O + HCN \quad (1\text{-}2\text{-}20)$$

由于 $NH_3 \cdot H_2O$ 的 $K_i = 1.8\times10^{-5}$,HCN 的 $K_i = 6.2\times10^{-10}$,所以氰酸铵溶液显碱性。

(4) 强酸和强碱生成的盐

氯化钠溶解在水里,电离成钠离子和氯离子,氢氧根离子和氢离子,相互之间没有结合,氢离子和氢氧根离子都没有减少,它们的水溶液呈中性。所以强酸和强碱所生成盐,不起水解反应。

$$NaCl + H_2O \rightleftharpoons Na^+ + Cl^- + H^+ + OH^- \quad (1\text{-}2\text{-}21)$$

复习思考题

1. 叙述水的自然组成。何谓分子的缔合?何谓氢键?

2. 解释硬水、软水、暂时硬度、永久硬度。硬水软化的常用方法有哪些？

3. 概念：饱和蒸汽、水的三相点的压力和温度、强电解质、弱电解质、电离平衡。

4. 什么叫电离度？什么是电离常数？举例说明并写出表达式。

5. 什么叫水的离子积？写出表达式。练习溶液的 pH 值计算。

6. 写出各种类型盐的水解反应的反应方程式，并加以说明。

第二章　压水堆的放射性

2.1　压水堆化学的基本内容

2.1.1　概述

一些物质如^{235}U在中子轰击下其原子核发生分裂，同时放出大量的能和两到三个中子。这种反应由中子引起，反应后又产生了更多的中子；在一定条件下，它可以连续不断地进行下去。这种由容易发生裂变的物质自己维持连续不断的裂变反应，并可以人为控制其反应快慢的一种装置叫反应堆。反应堆在工作时放出大量对人体有损伤的射线，所以活性区的外面有一层很厚的防护层，也叫做屏障，反应堆化学的任务之一就是保护屏障的完整性。

自 20 世纪 40 年代反应堆问世以来，其技术已有了很大发展。由于不同类型的反应堆所用的燃料、元件包壳、堆用材料及接触的介质（冷却剂和慢化剂）各不相同，反映出的化学问题也有很大差异。如：

水（H_2O）做冷却剂和慢化剂的反应堆，重点是研究水（天然水或普通水）的化学问题。

重水（D_2O）做冷却剂和慢化剂的重水反应堆，重点是研究重水化学，当然还包括二回路水的化学问题。

钠冷快中子反应堆，重点是研究钠化学，当然还包括钠-水反应的化学问题。

总之，反应堆化学是涉及多专业，多门类的综合性学科。

2.1.2　压水堆的基本化学内容

（1）压水反应堆的简单描述

压水反应堆是以净化的天然水作为慢化剂和冷却剂，并且水在堆内的高温高压下不沸腾，因此，称为加压水冷反应堆，简称压水堆。如图 2-1-1 所示，压水堆有一个钢压力容器。压力容器内的压力约为 1.5×10^{7} Pa（150 bar）。在这么大的压力下，利用^{235}U作为核燃料，提供热源。将冷却水加热到大约 300 ℃。水流过堆芯后，将裂变产生的热量带出堆外，在反应堆冷却剂泵的驱动下，将反应堆的高温水带入蒸汽发生器内众多并列的细管（称作传热管），利用传热管内的高温水去加热蒸汽发生器二次侧的水，蒸汽发生器二次侧的水在管外与之交换热量，并被加热变为蒸汽去推动汽轮发电机发电。

随着压水堆运行堆年的增加，水化学问题会相继的表现出来。诸如：放射性污染问题；设备和材料的腐蚀问题；水质的保证及控制问题；放射性污染的处理以及防护等等。为维护反应堆的安全运行及提高核电厂的可利用率，尤其要注意保证屏障的完整性。

为防止放射性裂变产物释放到环境，核电厂设三道屏障：燃料元件包壳，一回路系统（一回路压力边界）和安全壳。水化学主要影响前两道屏障。第一屏障：在燃料棒中，装有燃料芯块的锆合金包壳，可以防止堆在功率运行期间产生的裂变产物释放到环境中。因此，保护

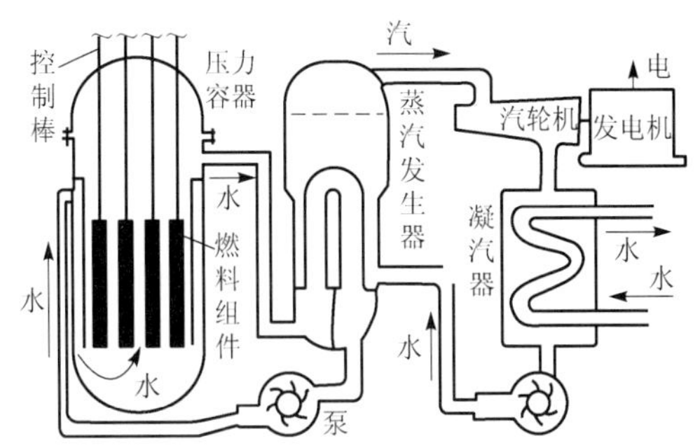

图 2-1-1　压水堆核电厂示意图

燃料包壳的完整性是核电厂运行安全的主要任务之一。锆合金如果受到腐蚀、氢脆或者腐蚀产物沉积其表面，使传热效率下降，包壳温度升高会引起锆合金抗腐蚀性能下降，这将是极其有害的。应该特别注意的是，尽量减少一回路系统的活化腐蚀产物和裂变产物（燃料元件包壳破损时）等放射性物质释放到第二屏障。“第二道屏障对第三道屏障影响不大。但一回路压力边界的完整性和放射性的积累，对二回路系统却有很大的影响，所以一回路系统使用的结构材料要求较高。现代压水堆选用锆合金作为燃料元件的包壳材料，选用不锈钢和镍基合金作为反应堆的结构材料以及作为压力壳（或主管道）内表面的覆面材料。应用这些耐腐蚀性能好的材料，目的是尽可能的减小腐蚀，减少活化的腐蚀产物和裂变产物（燃料包壳破损）的泄漏，用以包容放射性物质。蒸汽发生器数万根供热管，如有一根发生破损，第二道屏障的放射性泄漏到二回路，将引起严重后果。一、二回路水化学控制不好同样会引起腐蚀等严重问题，并将导致核电站蒸汽发生器失效，因此，保持压水堆良好的水质环境是非常重要的。”

（2）压水堆的基本化学内容归纳起来有以下几点

1）研究一回路冷却剂的辐射化学。水在反应堆的强辐射条件下会发生分解，水辐照分解产生的强氧化性产物是引起结构材料腐蚀的主要原因之一。向一回路冷却剂中加氢可以抑制水的辐照分解，保护材料少受腐蚀。要说明的是：水的辐照分解还产生氢气，氢气的积累可能引起爆炸，所以加氢更应该严格控制在水质标准规定的范围内，否则，将造成事故，要予以重视。

2）研究一回路冷却剂中使用可溶性中子吸收剂的可能性及其运行特点。研究硼酸水溶液在反应堆条件下具有什么样的物理化学性质，会发生什么变化？

3）研究一回路冷却中 pH 控制剂的应用及 pH 值的变化间接地引起反应性变化的问题；研究二回路炉水及二回路循环冷却水等相关的化学问题。

4）研究反应堆材料的腐蚀、磨蚀作用；研究水质条件、pH 值对腐蚀和磨蚀产物行为的影响。

5）弄清放射性物质的来源、沾污的途径、数量以及放射性核素在各种溶液中的行为，包括裂变产物、活化的腐蚀产物及其他中子活化产物，以及它们在冷却剂或水溶液中的产生、变化及化学作用，进而从这些研究中得到反应堆安全设计和评价的基本数据。

6）水化学控制和管理：

① 严格水化学的水质监督和管理，实验室应制订切实可行的规章制度；对仪器设备的稳定性、分析技术的先进性给予保证、分析结果的准确性和重现性应可信赖。

② 严格控制水质质量标准，使用高纯补给水，并按照指标的要求供水。

③ 一回路冷却剂、二回路载热剂实行有效的净化。

④ 严格相关各系统的管理，防止杂质进入系统。

⑤ 在相关各系统中，使用化学药品的纯度应具有质量保证。

⑥ 在核电厂控制区使用化学物质,应具有核安全条例。

⑦ 核电厂管理部门应制定水质监测,腐蚀监督和辐射场报警的管理法规及对策。

7) 确保良好的工作环境,降低辐射场剂量

所有的核电厂,必须使工作人员所受的辐射剂量在尽量低的水平,以减少对身体健康的影响。辐射照射是工作人员在辐射区所停留时间和辐射强度的组合,其中^{58}Co或^{60}Co是辐射场的主要贡献者(有的电厂还有$^{110}Ag^{m}$、^{122}Sb、^{124}Sb等核素),可以利用远距离控制并减少维修等操作,使工作人员减少所受辐照的时间。在反应堆首次启动前的表面处理和运行期间的水质控制是很重要的。水质控制不好的核电厂,通常具有较高的辐射场,其辐射剂量往往是水化学情况良好的核电站年总剂量的几倍。

2.2 核化学的基础知识

2.2.1 原子、原子核和核素

(1) 原子

原子是元素在单质或复杂物质分子中的最小质点,由位于原子中心的带正电荷的原子核和在原子核周围空间高速运动的带负电荷的电子所组成。

(2) 原子核

原子核是由质子和中子组成。质子是带一个单位正电荷(电量与电子相等,但电荷相反)的微粒,其质量等于$1.672\,648\times10^{-27}$ kg,约等于^{12}C的原子质量的1/12,即约等于氢的原子质量。中子是不显电性的,其质量等于$1.674\,954\times10^{-27}$ kg,约等于氢的原子质量。

原子中的电子是带一个单位负电荷(等于$1.602\,2\times10^{-19}$库[仑]或4.8×10^{-10}绝对静电单位)的微粒,它的质量等于$9.109\,5\times10^{-31}$ kg,或质子质量的1/183 7。由于电子是一个质量很轻、体积很小、带负电的粒子,它又在原子核外面的周围空间以高速运动着,无法准确地测定电子在某一瞬间的位置和速度,好像“带负电的云雾”笼罩在原子核的周围,所以我们形象地称它为“电子云”。电子云的概念,就是对电子在核外空间各处出现概率统计结果的形象描述。见图2-2-1。用小黑点表示电子出现概率的大小。

图2-2-1 原子的电子云

原子结构见图2-2-2(a、b、c、d)。

由于不同元素原子核外电子数的不同,有着不同的原子结构。在原子中,质子数决定原子核所带的正电荷数(也叫核电荷数)。按照原子的核电荷数依次递增的顺序排列起来的次序数,叫做原子序数。这样,原子序数在数值上等于核电荷数,也等于质子数。由于原子核所带正电荷数(即质子数)与核外电子所带的负电荷数(即电子数)相等,所以整个原子显电中性。这样,在数值上

原子序数 = 核电荷数 = 质子数 = 核外电子数

由于电子的质量很小,可以忽略不计,原子的质量就几乎全部集中在原子核上,原子的质量就等于质子的质量(取整数)和中子的质量(取整数)之和。这个数值,叫做质量数。

质量数 = 质子数+中子数

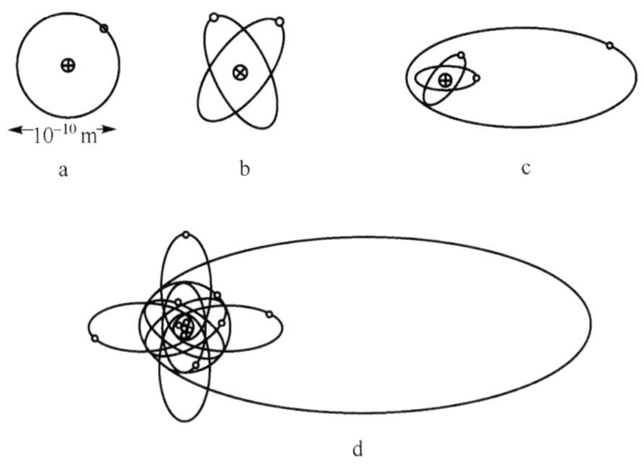

图 2-2-2 原子结构图

a. 氢原子结构;b. 氦原子结构;c. 锂原子结构;d. 钠原子结构

(3) 核素

核素的严格定义应为:具有特定质量数、原子序数和核能态,而且其平均寿命长得足以被观察的一类原子。

在核化学中,通常将原子的原子序数写在元素符号的左下角,将质量数写在左上角。表达式是:${}^{A}_{Z}X$。例如:${}^{23}_{11}Na$,它表示钠原子核是由 11 个质子和 12 个中子所组成,并有 11 个电子在核外高速地运动着,它的质量数为 23。

又如质量数为 14 的氮、质量数为 18 的氧,一般若不是表示核反应方程式内的核素,其左下标可以省略,如${}^{14}N$、${}^{18}O$,也可简写为氮-14、氧-18。为了表示处于不同能态的核素,可在右上标加 m,如${}^{A}_{Z}X^{m}$,表示处于 m 高能态的${}^{A}_{Z}X$ 核素。有时为了表示中子数 N,也可将 N 写在右下角,如${}^{A}_{Z}X_{N}$。

(4) 核素的分类 核素按其质子数 Z 和中子数 N 可以分为如下几类:

1) 同位素

指原子序数相同,而原子质量不同的核素统称为同位素,它们在元素周期表上占有同一位置。也就是说,原子核内具有质子数相同而中子数不同的同一种元素的几种原子,或者说同种元素的核素,叫做同位素。由于同一种元素的各种同位素电荷相等,因此,它们的化学性质几乎完全相同。天然存在的化学元素大部分都有同位素。例如:氢有三种同位素${}^{1}_{1}H$、${}^{2}_{1}H$、${}^{3}_{1}H$,但对每一种核和原子,只能称核素,不能称同位素;同位素的核外电子数相同,其物理、化学性质极相近,但同位素之间核性质的差别可能很大,如${}^{3}_{1}H$ 能放射出 β 射线,而${}^{1}_{1}H$ 和${}^{2}_{1}H$ 则是稳定的。氢同位素的原子都含有一个质子,但含有的中子数分别为 0、1、2,可分别写成${}^{1}_{1}H$ 即普通氢原子,叫做氕;${}^{2}_{1}H$ 俗称重氢,叫做氘(D);${}^{3}_{1}H$ 俗称超重氢,叫做氚(T)。天然铀中就含有三种同位素:铀-238(${}^{238}U$)、铀-235(${}^{235}U$)和铀-234(${}^{234}U$)。它们的质子数都是 92,而它们的中子数分别为 146、143 和 142。不同种元素,不叫同位素。同位素有放射性同位素和稳定同位素。

① 放射性同位素 有些同位素的原子核是不稳定的,它会自发衰变,放出粒子或光子,并转变成其他元素的原子核。这种具有放射性的同位素就叫做放射性同位素。放射性同位

素又分作天然放射性同位素和人工放射性同位素。

a. 天然放射性同位素　存在于自然界中的放射性同位素叫做天然放射性同位素，最具代表性的是存在于自然界的天然放射系，共有三个，即：铀系（也称铀-镭系）、锕系（也称锕铀系）、钍系。因为铀系和锕系的始核都是铀，所以三个天然放射系也称铀钍放射系。

铀系（也称铀-镭系）

从^{238}U开始，经过几次α衰变和$β^-$衰变，生成氡气（$^{222}_{86}Rn$）即镭射气。$^{238}_{92}U$经过八次α衰变和六次$β^-$衰变，最后生成质量数为206的铅（$^{206}_{82}Pb$）稳定的核素。镭射气的产生，见下式：

$$^{238}U \xrightarrow[\beta^-\text{衰变}]{\alpha\text{衰变}} {}^{222}Rn \tag{2-2-1}$$

$$^{226}Ra \xrightarrow[\alpha\text{衰变}]{\text{一次}} {}^{222}Rn \tag{2-2-2}$$

锕系（也称锕铀系）

从^{235}U（俗称锕铀）开始，经过几次α衰变和$β^-$衰变，生成氡气（$^{219}_{86}Rn$）即锕射气。^{235}U经过七次α衰变和四次$β^-$衰变，最后生成质量数为207的铅（$^{207}_{82}Pb$）稳定的核素。

钍系

从^{232}Th开始，经过几次α衰变和$β^-$衰变，生成氡气（$^{220}_{86}Rn$）即钍射气。^{232}Th经过六次α衰变和四次$β^-$衰变，最后生成质量数为208的铅（$^{208}_{82}Pb$）稳定的核素。

综上，三个天然放射系经过几次α衰变和$β^-$衰变，得到氡的放射性同位素$^{222}_{86}Rn$、$^{219}_{86}Rn$、$^{220}_{86}Rn$；得到的铅是稳定的核素，如：$^{206}_{82}Pb$、$^{207}_{82}Pb$、$^{208}_{82}Pb$。

铀本是一种具有放射性的元素，但由于它发射α射线，且放射性很弱，半衰期又很长，所以又当作稳定同位素。在铀的三种同位素中，^{238}U是天然铀中含量最多（99.28%），寿命最长（^{238}U的$T_{1/2}$约4.51×10^9 a）的同位素。它本身不能做核燃料，其与中子作用后经两次β衰变，变为可裂变的原子核钚-239（$^{239}_{94}Pu$），即可做核燃料又可用来制造核武器。

在天然铀中含量只0.714%的一种裂变物质铀-235（^{235}U的$T_{1/2}$约7.1×10^8 a），在慢中子作用下会发生裂变，引发系列核反应。在天然铀中还含有极少量，只0.006%的铀-234（^{234}U的$T_{1/2}$约2.44×10^5 a）是^{238}U衰变的子体，^{235}U可以和^{238}U、^{234}U完全分离，但^{238}U和^{234}U却难以完全分离。

钍-232（$^{232}_{90}Th$）（$T_{1/2}$为1.4×10^{10} a）在反应堆内经中子照射后，再经两次β衰变即得^{233}U。亦可用作核燃料。

镭-226（$^{226}_{88}Ra$）是最早发现的天然放射性元素之一，在铀工业发展早期从铀矿中提取镭比提取铀更重要。镭曾广泛地被用作放射性治疗的γ辐射源和钟表的夜光粉。

铀-镭系有^{226}Ra（$T_{1/2}$为1 602 a）；锕铀系有^{223}Ra（$T_{1/2}$约11.42 d）；钍系有^{228}Ra（$T_{1/2}$约5.75 a）。

b. 人工放射性同位素　用人工方法（例如：用反应堆、加速器等）制造出来的放射性同位素叫做人工放射性同位素。随着核事业的发展，许多放射性同位素能批量生产，如：^{3}H、^{60}Co、^{125}I、^{131}I、^{32}P、^{90}Sr等，为放射性同位素在不同领域中的广泛应用开辟了道路。

② 稳定同位素　与放射性同位素相反。有些同位素不具有放射性，其原子核是稳定的，这种同位素称为稳定同位素。见表2-2-1。

表 2-2-1　稳定元素的同位素

元素	符号	原子序数	相对原子质量	同位素的数目	同位素的相对原子质量[1)]
氢	H	1	1.008 0	2	1,2
氦	He	2	4.003	2	4,3
锂	Li	3	6.940	2	7,6
硼	B	5	10.82	2	11,10
碳	C	6	12.012	2	12,13
氮	N	7	14.008	2	14,15
氧	O	8	16	3	16,18,17
氖	Ne	10	20.183	3	20,22,21
镁	Mg	12	24.32	3	24,26,25
硅	Si	14	28.09	3	28,29,30
硫	S	16	32.006	4	32,34,33,36
氯	Cl	17	35.457	2	35,37
氩	Ar	18	39.944	3	40,36,38
钾	K	19	39.100	3	39,41,40
钙	Ca	20	40.08	6	40,44,42,48,43,46
钛	Ti	22	47.90	5	48,46,47,49,50
铬	Cr	24	52.01	4	52,53,50,54
铁	Fe	26	55.85	4	56,54,57,58
镍	Ni	28	58.69	5	58,60,62,61,64
铜	Cu	29	63.54	2	63,65
锌	Zn	30	65.38	5	64,66,68,67,70
镓	Ga	31	69.72	2	69,71
锗	Ge	32	72.60	5	74,72,70,73,76
硒	Se	34	78.96	6	80,78,76,82,77,74
溴	Br	35	79.916	2	79,81
氪	Kr	36	83.80	6	84,86,82,83,80,78
铷	Rb	37	85.48	2	85,87
锶	Sr	38	87.63	4	88,86,87,84
锆	Zr	40	91.22	5	90,94,92,91,96
钼	Mo	42	95.95	7	98,96,92,95,100,97,94
钌	Ru	44	101.7	7	102,104,101,99,100,96,98
钯	Pd	46	103.7	6	106,108,105,110,104,102
银	Ag	47	107.880	2	107,109
镉	Cd	48	112.41	8	114,112,111,110,113,116,106,108
铟	In	49	114.76	2	115,113
锡	Sn	50	118.70	10	120,118,116,119,117,124,122,112,114,115
锑	Sb	51	121.76	2	121,123

续表

元素	符号	原子序数	相对原子质量	同位素的数目	同位素的相对原子质量[1]
碲	Te	52	127.61	8	130,128,126,125,124,122,123,120
氙	Xe	54	131.3	9	132,129,131,134,136,130,128,124,126
钡	Ba	56	137.36	7	138,137,136,135,134,130,132
镧	La	57	138.92	2	139,138
铈	Ce	58	140.13	4	140,142,138,136
钕	Nd	60	144.27	7	142,144,146,143,145,148,150
钐	Sm	62	150.43	7	152,154,147,149,148,150,144
铕	Eu	63	152.0	2	153,151
钆	Gd	64	156.9	7	158,160,156,157,155,154,152
镝	Dy	66	162.46	7	164,162,163,161,160,158,156
铒	Er	68	167.2	6	166,168,167,170,164,162
镱	Yb	70	173.04	7	174,172,173,171,176,170,168
镥	Lu	71	174.99	2	175,176
铪	Hf	72	178.6	6	180,178,177,179,176,174
钨	W	74	183.92	5	184,186,182,183,180
铼	Re	75	186.31	2	187,185
锇	Os	76	190.2	7	192,190,189,188,187,186,184
铱	Ir	77	193.1	2	193,191
铂	Pt	78	195.23	6	195,194,196,198,192,190
汞	Hg	80	200.61	7	202,200,199,201,198,204,196
铊	Tl	81	204.39	2	205,203
铅	Pb	82	207.21	4	208,206,207,204

注:1) 同位素的相对原子质量系按照同位素含量的百分数的逐降次序排列。

③ 同位素按其质量不同,通常又分为轻同位素和重同位素。凡在周期表内占较前位的元素,原子质量较轻(原子序数较小),其同位素叫做轻同位素,例如:^{6}Li 和 ^{7}Li。在周期表占较后位的元素,原子质量较重(原子序数较大),它们的同位素叫做重同位素,例如:^{235}U 和 ^{238}U。在同位素分离过程中,前两者往往采用很不相同的分离方法。物理学上习惯把质量数小于 25 的核称为轻核,把质量数大于 150 的核称为重核,把质量数介于两者之间的称为中等质量的核。

2) 同质异位素

具有相同的质量数,而原子序数不同,在周期表上不在同一位置的核素。如 ^{40}K 和 ^{40}Ar,质量数相同,而原子序数分别是 19、18;^{55}Cr、^{55}Mn 和 ^{55}Fe,质量数相同,其原子序数分别是 24、25、26。还有一种表示方法,如:$^{14}_{6}C_{8}$ 和 $^{14}_{7}N_{7}$;$^{131}_{53}I_{78}$ 和 $^{131}_{54}Xe_{77}$。上两组说明:质量数(A)相同,原子序数(Z)和中子数(N)相差 1,并位置相互交换的同质异位素称为镜像核。如 $^{13}_{6}C_{7}$ 和 $^{13}_{7}N_{6}$;$^{23}_{11}Na_{12}$ 和 $^{23}_{12}Mg_{11}$,研究镜像核的性质,可对核结构的研究提供有价值的信息。

3) 同中子异位素

具有相同的中子数,其质量数不同,原子序数也不同的一类核素。如:$^{3}_{1}H_{2}$ 和 $^{4}_{2}He_{2}$,二者原子序数分别为 1 和 2，而中子数都等于 2；$^{58}_{26}Fe_{32}$ 和 $^{59}_{27}Co_{32}$，二者原子序数分别为 26 和 27，而中子数都等于 32。

4）同质异能素（同核异能素）

具有相同的质量数和原子序数，处于不同核能态的一类核素，被称为同质异能素。同质异能素所处的高激发能态是亚稳态（一般指半衰期 $T_{1/2}>10^{-6}$ s）。在某些情况下，一个原子核可以以一种或更多种激发态存在一些时间。其表示方法是在核素右上角加一个 m，如有多个同质异能素时可用 m_1、m_2、… 区分。如：$^{99}Mo^m$、^{99}Mo 及 $^{124}Sb^{m1}$、$^{124}Sb^{m2}$、^{124}Sb，又写作如：$^{60}Co^m$ 和 $^{60}Co^g$，二者具有相同的质量数和原子序数，只是前者处于高能态（激发态），后者处于基态。$^{60}Co^m$ 的半衰期（$T_{1/2}$）为 10.5 min，放出 γ 射线后自发地衰变为最低能量的基态 $^{60}Co^g$ 或 ^{60}Co，^{60}Co 可放出 β 和 γ 射线，半衰期为 5.26 a。

（5）按核素稳定性，又可分为稳定核素和不稳定核素（即放射性核素）两大类。

2.2.2　原子核反应

所谓原子核反应是指原子核因受外来的原因而引起核结构的变化。产生核反应的方法有好多种，主要有：

（1）带电粒子轰击的核反应

$$^{14}_{7}N+^{4}_{2}He\longrightarrow^{17}_{8}O+^{1}_{1}H \tag{2-2-3}$$

$$^{7}_{3}Li+^{4}_{2}He\longrightarrow^{10}_{5}B+^{1}_{0}n \tag{2-2-4}$$

（2）俘获中子的核反应

$$^{10}_{5}B+^{1}_{0}n\longrightarrow^{7}_{3}Li+^{4}_{2}He \tag{2-2-5}$$

$$^{14}_{7}N+^{1}_{0}n\longrightarrow^{14}_{6}C+^{1}_{1}H \tag{2-2-6}$$

（3）快中子的核反应

$$^{27}_{13}Al+^{1}_{0}n\longrightarrow^{27}_{12}Mg+^{1}_{1}H \tag{2-2-7}$$

$$^{34}_{16}S+^{1}_{0}n\longrightarrow^{31}_{14}Si+^{4}_{2}He \tag{2-2-8}$$

（4）高能光子照射的核反应

$$^{9}_{4}Be+\gamma\longrightarrow^{8}_{4}Be+^{1}_{0}n \tag{2-2-9}$$

2.2.3　核衰变

活化后所生成的核素绝大多数为放射性核素，它们能自发地改变核结构而转变成另一种核素，我们把这种现象称之为核衰变。在此过程中，还将从核内放出多余的能量，也就是说这些核素能自发地放出射线，被称之为放射性。凡具有这种特性的核素称为放射性核素。故核衰变又叫放射性衰变。核衰变是放射性核素的特征核性质，在一般情况下，不受外界条件，如温度、压力、电磁场等的影响。

另外，原子核放射出来的各种粒子称为核辐射。核衰变可根据其发射的核辐射进行分类，最常见的有 α 衰变、β 衰变和 γ 衰变。还有自发裂变，即原子核自发裂变为两个或两个以上质量相近的核。正因为活化后的核素能放出各种粒子，所以人们才有可能用各种射线测量仪器对它们进行定性及定量分析。

放射性同位素的核衰变是多种多样的，主要有：

（1）α 衰变

从放射性同位素的核放出 α 粒子(即氦原子核^4_2He),衰变为另一种核的过程。

(2) β 衰变

是指核电荷改变而质量数不变的核衰变。在这过程中,原子核放射出一个电子(β 粒子)或正电子,或俘获一个核外轨道电子,其子核和母核的质量数相同,核电荷数改变±1。因此 β 衰变包括 $β^-$ 衰变(一般用 β 衰变代表),$β^+$ 衰变和轨道电子俘获(EC)。

1) $β^-$ 衰变

一般 β 衰变即指 $β^-$ 衰变,把它看成是母核中一个中子转变为质子,如:

$$n \rightarrow p + \beta + \bar{\nu} \qquad (2\text{-}2\text{-}10)$$

式中,n——中子;

p——质子;

β——β 粒子;

$\bar{\nu}$——反中微子。

许多 β 衰变的放射性核素在发射 β 粒子时,也伴有 γ 射线,如:^{60}Co。有些放射性核素 β 衰变时可能发射几种能量的 β 粒子,如:^{137}Cs、^{131}I、^{134}Cs 等。某些放射性核素只发射 β 粒子,称纯放射性核素,如:^{3}H、^{14}C、^{32}P 及 ^{90}Sr 等。

2) $β^+$ 衰变

$β^+$ 粒子又称正电子或阳电子,是一种质量和电子相等,但带着 1e 单位正电荷的粒子,作 $β^+$ 衰变的放射性可以看成是由于核里的一个质子转变成为中子而放出正电子($β^+$ 粒子)和中微子的结果。

3) 轨道电子俘获(EC)

母核^A_ZX 通过俘获核外轨道上的一个电子,使核内的一个质子转变成为中子,衰变成子核$^{A}_{Z-1}Y$,同时放出一个中微子(ν),这种衰变方式称为轨道电子俘获或电子俘获(EC)。由于 K 层电子离核最近,K 电子俘获的概率最大,显然 L、M 电子俘获的概率最小。K 电子俘获后,在 L 层电子跃迁至 K 层时,其多余能量也可以不释放 X 射线,而把能量传给另一个 L 层电子(或更外层电子),这个电子就脱离原子的束缚成为自由电子。这种改变称为俄歇(Auger)效应,这个电子叫做俄歇电子。

(3) γ 衰变

1) γ 衰变

原子核由激发态通过发射 γ 光子跃迁到低能态的过程,称为 γ 衰变或 γ 跃迁。α、β 衰变过程中,或其他高速粒子轰击原子核时,可使原子核处于激发态,这些过程往往伴随有 γ 射线,一般在 α、β 衰变后,子核处于激发态的时间极短(~10^{-14}s),因此 γ 射线与 α 和 β 粒子几乎是同时发射的。有些激发态处于亚稳态,寿命较长。此时的跃迁是同质异能素之间的跃迁,称之为同质异能跃迁,用 IT 表示。值得注意的是,γ 跃迁并非是同质异能素的唯一衰变方式,如:$^{68}_{29}Cu^m$, 86%为 IT, 14%为 $β^-$ 衰变;$^{117}_{49}In^m$有 47%为 IT,53%为 $β^-$ 衰变;$^{85}_{38}Sr^m$有 87%为 IT, 13%为 EC。

2) 内转换

原子核由激发态跃迁到低能态时,不一定发射 γ 光子,而是把激发能量直接交给核外电子,使它脱离原子成为自由电子,这种现象称为内转换(IC),放出的电子称为内转换电子。原子能级的跃迁,可以发射 γ 光子,也可以产生内转换,其相对概率由核能级特性所决定。

（4）其他衰变方式

从能量守恒观点看，原子核不仅能自发放射 α、β 粒子，也可自发放射质子、中子及其他核子集团，但衰变概率很小。近年来，由于实验技术的进步，不断地发现新的衰变方式。

2.3　压水堆放射性物质的来源

2.3.1　来自燃料中的裂变产物

反应堆运行过程中，堆芯是一个巨大的放射性源，一方面产生了大量的裂变产物，并按各自的衰变规律转变成新的核素；另一方面重核的中子吸收反应也形成一系列更重的新核，也会因中子过剩发生一系列的衰变。在定期地换料过程中，大量的放射性物质随燃料由堆芯取出。经过几个换料周期之后，堆芯放射性将程度不同地处于某种平衡状态。由于大部分裂变产物的半衰期很短，所以停堆后堆芯放射性强度很快降低。另外，由^{235}U裂变反应生成的稳定核素的量比放射性核素的量大得多，如稳定 Kr 与放射性^{85}Kr的质量比为 4.9/0.3≈16。在所有的裂变产物中，只有氚能够在一定温度下穿透燃料包壳进入冷却剂。大多数压水堆锆包壳燃料元件的破损率在千分之几以下，不锈钢包壳燃料元件的破损率还要低些。通常，氧化物燃料（UO_2、PuO_2）穿过破损孔隙进入冷却剂的量极低，不会造成污染。但是，许多裂变产物能够通过这些孔隙进入冷却剂。此外，在燃料元件的制造过程中，会有极少量的铀、钚燃料粘附在包壳的外表，而且堆芯结构材料本身也含有微量的天然铀，它们也参加裂变反应，其裂变产物会直接进入冷却剂。见表 2-3-1。运行结果表明，释放量最大的裂变产物是惰性气体、卤素和碱金属核素，其次是 Mo、Te 等具有高挥发性氧化物的核素，碱土金属 Sr 和 Ba 的释放量也很小，稀土元素和 Zn 的释放量最低。

表 2-3-1　裂变产物和活化腐蚀产物进入冷却剂的放射性活度[1)]

核　素	放射性活度/(GBq/a)	核　素	放射性活度/(GBq/a)
^{52}Cr	11.5	^{95}Nb	65.1
^{54}Mn	37.7	^{99}Mo	48.8×10^4
^{56}Mn	1 028.6	^{132}Te	27.2×10^3
^{59}Fe	61.1	^{131}I	25.8×10^4
^{58}Co	1 147	^{132}I	10.9×10^3
^{60}Co	135.4	^{133}Xe	20.0×10^4
^{89}Sr	354.1	^{134}I	839.9
^{90}Sr	224.2	^{135}I	10.1×10^4
^{91}Sr	96.9	^{134}Cs	23.8×10^3
^{90}Y	41.4	^{136}Cs	32.6×10^2
^{91}Y	821.4	^{137}Cs	17.8×10^4
^{92}Y	199.8	^{140}Ba	88.8
^{95}Zr	65.9	^{140}La	91.4
^{97}Zr	42.2	^{144}Ce	304.5

注：1）元件破损率为 0.25%。

冷却剂中裂变产物放射性活度的大小取决于三个因素：裂变产物从燃料中的逃逸率；核素的衰变率；净化系统的净化作用。裂变产物的沉积以及泄漏会造成冷却剂中裂变产物的损失。因为这三个因素变化范围很宽，所以裂变产物在冷却剂中的变化范围也随之加大。表 2-3-2 列出了堆芯放射性活度累积量。

表 2-3-2 堆芯放射性活度累积量

(100 万千瓦水冷堆换料前)

裂变产物		锕系元素	
放射性元素	累积量/EBq	放射性元素	累积量/EBq
^{3}H	1.11×10^{-2}	U	67.19
Kr	12.02	Pu	1.29
Xe	25.16	Am	4.22×10^{-2}
		其他	65.16
Cs	22.02	合计	133.7
Sr	19.46	结构材料活化产物	
I	7.63	Cr，Mn，Fe，Co，Ni，Zr，Nb，Sb	0.477
Zr，Nb，Mo，Tc，Ru，Rb，Pb，Ag，Cd，In，Sn，Sb	69.60	三项总计	596.56
稀土元素	153.18		
其他	123.32		
合计	462.40		

2.3.2 结构材料腐蚀产物的活化

腐蚀产物常以沉淀形式附着在管壁上。表 2-3-3 中援引了压水堆冷却剂中所发生的核反应及产物特征，且主要是腐蚀产物的活化。沉积作用因核素和金属表面状况的不同而有很大差异。如裂变产物在不锈钢表面的沉积率比碳钢表面高，在未氧化表面的沉积率又比在氧化表面高，这些核素易于在镍基合金表面沉积。沉积作用与冷却剂温度关系也很密切。一般说来，温度升高、溶解度也随之增加，部分沉积物溶解。当然，对于不同的核素来说溶解度也是有很大差别的。总的说来，裂变产物的沉积对设备内表面的放射性的积累是有限的，大多数裂变产物半衰期也较短。相反，活化腐蚀产物的沉积较严重，半衰期也较长。因此，在回路放空检修时发现设备表面沉积膜中活化腐蚀产物的放射性活度比裂变产物要高得多。

表 2-3-3 压水堆冷却剂中发生的核反应及产物特性

中子反应	反应物在冷却剂中的存在	热中子截面靶(σ)	反应生成物		
			放射性类型	半衰期	主要 γ 能呈/MeV
$^{2}H(n,\gamma)^{3}H$	天然^{2}H	0.000 5	β	12.26 a	无 γ
$^{6}Li(n,\alpha)^{3}H$	pH 控制剂	940	β	12.26 a	无 γ
$^{10}B(n,\alpha)^{7}Li$	可溶性中子吸收剂	3 838	稳定		
$^{14}N(n,p)^{14}C$	溶解空气,联氨分解物	1.81	β	5 730 a	
$^{18}O(n,p)^{18}F$	溶解空气或腐蚀产物		β^{+},电子俘获	1.87 h	0.551
$^{16}O(n,p)^{16}N$	溶解空气或腐蚀产物	0.019×10^{-3}	β,γ	7.14 s	7 011
$^{23}Na(n,\gamma)^{24}Na$	杂质	0.53	β,γ	14.96 h	1.369
$^{36}Ar(n,\gamma)^{37}Ar$	溶解空气	6		35 d	
$^{40}Ar(n,\gamma)^{41}Ar$	溶解空气	0.65	β,γ	1.83 h	1.293
$^{41}K(n,\gamma)^{42}K$	pH 控制剂	1.48	β,γ	12.36 h	1.524
$^{50}Cr(n,\gamma)^{51}Cr$	腐蚀产物	16	电子俘获	27.8 d	0.320
$^{54}Cr(n,\gamma)^{55}Cr$	腐蚀产物	0.38	β	3.52 min	1.528
$^{55}Mn(n,\gamma)^{56}Mn$	腐蚀产物	13.3	β,γ	2.57 h	0.846
$^{54}Fe(n,\gamma)^{55}Fe$	腐蚀产物	2.5	电子俘获	2.6 a	0.23
$^{58}Fe(n,\gamma)^{59}Fe$	腐蚀产物	1.14	β,γ	45.6 d	61.293
$^{59}Co(n,\gamma)^{60}Co^{m}$	腐蚀产物	19.9	β,γ	10.5 min	0.058 5
$^{59}Co(n,\gamma)^{60}Co$	腐蚀产物	37.5	β,γ	5.26 a	1.332
$^{58}Ni(n,\gamma)^{59}Ni$	腐蚀产物	4.4	电子俘获	8×10^{4} a	无 γ
$^{62}Ni(n,\gamma)^{63}Ni$	腐蚀产物	15	β	100 a	无 γ
$^{64}Ni(n,\gamma)^{65}Ni$	腐蚀产物	1.5	β,γ	2.564 h	1.481
$^{94}Zr(n,\gamma)^{95}Zr$	腐蚀产物	0.08	β,γ	63.9 a	0.756
$^{96}Zr(n,\gamma)^{97}Zr$	腐蚀产物	0.05	β,γ	17 h	0.743

2.3.3 冷却剂中的裂变产物

图 2-3-1 是实测的压水堆冷却剂中裂变产物 γ 射线谱图,其放射性主要是由惰性气体裂变产物——氪和氙的各种同位素产生,它们约占 90%以上,碘的各种同位素约占 3%以上,铷-88 约占 1%,钼-99 约占 1%,铯的各种同位素约小于 1%组成的。

(1) 冷却剂中的放射性碘

放射性碘(I_2)在冷却剂中的浓度较高,且易挥发成为工艺废气的主要成分之一;放射性挥发碘是压水堆厂房空气中对人体危害最大的核素。正常运行时,由于冷却剂的泄漏也会有少量的碘进入安全壳的空气中,因而挥发性碘的去除是压水堆厂房空气净化系统的首要任务。放射防护规定指出,^{131}I 在放射性工作场所空气中的限制浓度为 0.33 Bq/L,对^{129}I 的要求还要严些。放射性碘在压水堆电站的安全防护中占有重要地位。还有对^{90}Sr 的要求比

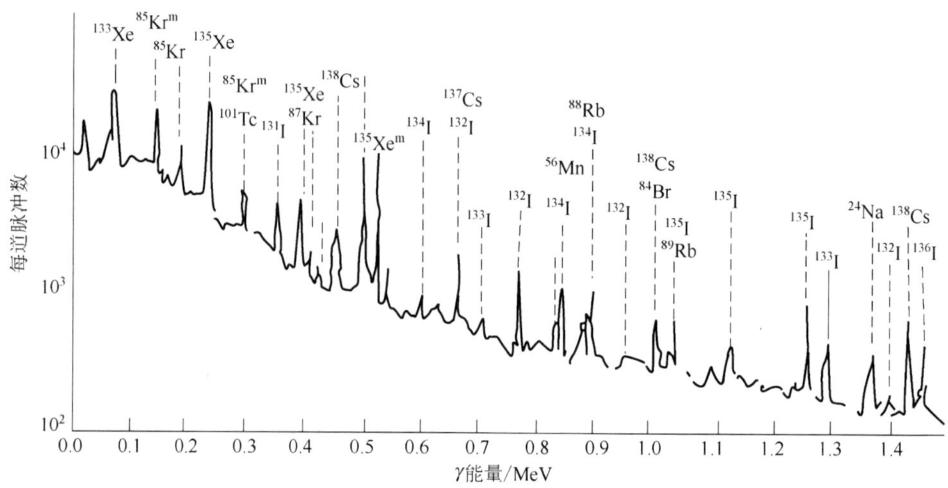

图 2-3-1 用锗锂探头测得冷却剂的 γ 能谱图(取样 10 min 后测量 100 s)

碘还严格,但它在冷却剂中浓度较低,不挥发,易除去。

(2) 冷却剂中的惰性气体裂变产物

裂变产生的放射性气体主要是氪和氙的各种同位素,它们的衰变能量约占全部裂变产物衰变能量的 1%,但所占份额高。高压下,裂变气体可溶解于冷却剂中。在所有的裂变产物中,惰性气体在冷却剂中浓度最高。在压水反应堆特定的条件下,除了贮存和衰变外,尚无合适的方法固定这些气体。长半衰期的^{85}Kr ($T_{1/2}$=10.8 a)和较长半衰期的^{133}Xe ($T_{1/2}$=5.27 d)就成为压水堆核电厂环境污染的主要来源。另外,放射性惰性气体对人体危害相对来说要小得多,它们在放射性工作场所最大允许浓度为 37 Bq/L,比放射性碘高 100 倍。冷却剂中的惰性气体裂变产物,如果没有其他的气体载带或特殊的除气方法,逸出速度是非常缓慢的。

(3) 冷却剂中的其他裂变产物

冷却剂中还有长半衰期的核素^{137}Cs($T_{1/2}$=30 a)和短半衰期的^{139}Ba($T_{1/2}$=85 min)。通常压水堆均设有净化装置,用过滤和离子交换的方法,连续地用分流的办法净化除去,使它们维持到一个允许的水平。

(4) 核电厂冷却剂中放射性物质的组成

核电厂主冷却剂中主要的裂变产物有:

稀有气体(惰性气体):氪和氙的各种同位素,如氪-85 (^{85}Kr)、氪-88 (^{88}Kr)、氪-89 (^{89}Kr);
氙-133 (^{133}Xe)、氙-135 (^{135}Xe)、氙-137(^{137}Xe)等。

卤　　素:碘-131(^{131}I)、碘-134(^{134}I) 、碘-129(^{129}I)等。

氢同位素:氚 (T)或写氢-3 (^{3}H)。

碱 金 属:铯-134 (^{134}Cs)、铯-137 (^{137}Cs)、铷-88(^{88}Rb)。

碱土金属:锶-90(^{90}Sr)、钡-139(^{139}Ba)。

稀土核素:镧-140(^{140}La)、铈-141(^{141}Ce)、铈-144(^{144}Ce)。

其　　他：钌-106(^{106}Ru)、钌-103(^{103}Ru)，镎-239(^{239}Np)，钼-99(^{99}Mo)，碲-125m ($^{125}Te^{m}$)和碲-127m($^{127}Te^{m}$)，锌-69m($^{69}Zn^{m}$) 等。

活化的腐蚀产物：铬-51(^{51}Cr)、锰-56(^{56}Mn)、铁-59(^{59}Fe)、钴-60(^{60}Co)、镍-63(^{63}Ni)、锆-95(^{95}Zr)，详见表 2-3-3。

其他中子反应产物参看表 2-3-1、表 2-3-2、表 2-3-3。

(5) 如何判断燃料元件破损

在反应堆运行过程中，如何判断燃料元件破损情况呢？通过对冷却剂放射性组分 γ 能谱的分析，这是对燃料元件监测的主要方法之一，见图 2-3-1。如果惰性裂变气体(放射性氪和氙的同位素)增加，或放射性碘的同位素也增加，可推断燃料元件有破损的可能性，再结合现场的其他监测手段，如总 α 活度、总 β 活度、^{3}H 和^{90}Sr 等放射化学和活化分析结果来判定燃料元件是否破损，如发现破损应立即采取措施。通常的控制方法是确定并除去破损的组件，不推荐放气。还必须保证释放不会导致公共危害。

复习思考题

1. 压水堆的基本化学内容是什么？

2. 何谓原子序数？原子的质量数包括哪些？解释核素以及分类、同位素以及分类，分别举例说明。

3. 举例说明核反应的方法和种类。

4. 压水堆放射性物质的来源及组成？压水堆核电厂一回路冷却剂中主要的裂变产物有哪些？

5. 如何判断燃料元件破损情况？

第三章 压水堆结构材料的腐蚀与防护

3.1 金属的腐蚀与防护

3.1.1 金属的性质

(1) 金属的通性

目前已经发现的元素有 116 种,除去 22 种非金属元素外,都是金属元素(112～116 号除外)。它们在周期表中的位置如表的右上角区域(即从ⅢA 硼元素到ⅦA 砹元素划一阶梯线以右区域)是非金属,其余全是金属(除氢外)。

金属单质在常温时,除了汞(Hg)是液体外,其他都是固体,并且一切金属都具有晶体结构。金属内部包含着中性原子、带有正电荷的金属离子及自由电子。在金属晶体的晶格结点上排列着原子和阳离子,见图 3-1-1 和图 3-1-2,在这些离子与原子之间,存在着从金属原子脱落下来的自由电子,由于自由电子的运动,而引起金属晶体中微粒之间的联结叫做金属键。

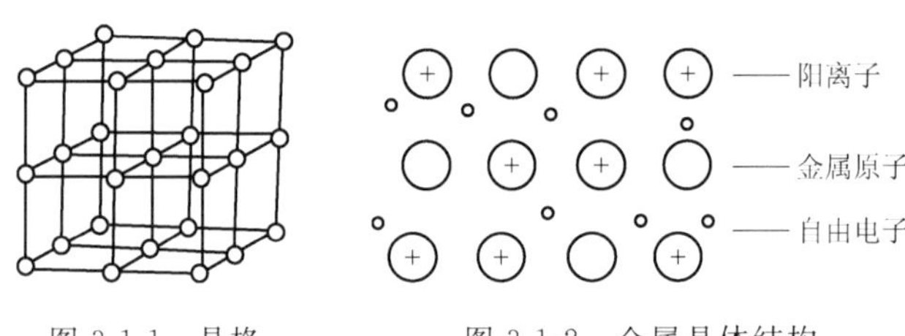

图 3-1-1 晶格　　图 3-1-2 金属晶体结构

(2) 金属的物理性质

1) 金属具有不透明性。它能强烈地反射光线而具有特殊的金属光泽,即使研成粉末仍保持金属光泽和深浅不同的颜色。工业上一般把金属分成黑色金属和有色金属两大类。铁、锰及铁的合金都是黑色金属,其余的如铝、铜、锌、锡、铅等都是有色金属。

2) 典型的金属都具有优良的导热性和导电性。最良好的导体是银和铜,最差的是铅和汞。金属的导电性随温度升高而降低,反之,当温度降低时其导电性随着增大。

3) 金属具有可塑性。它容易发生机械变形,在外力的作用下,各层离子能够相对滑动,而不破坏它们之间的金属键,使它们很容易被锻打成形,抽成细丝,轧成薄片等。

4) 金属的相对密度(d)有大小,不大于 5 的称为轻金属,其余的称为重金属。轻金属一般都是最易熔化的,重金属当中有很多是难熔的。除汞之外,铯的熔点最低(28 ℃);钨的熔点最高(3 370 ℃),见表 3-1-1。

表 3-1-1　某些金属的相对密度和熔点

金属的名称	相对原子质量	相对密度	熔点/℃
轻金属			
锂	6.940	0.53	186
钾	39.100	0.86	63
钠	22.997	0.97	97.7
钙	40.08	1.54	850
镁	24.32	1.74	651
铯	132.91	1.9	28
铝	26.98	2.70	658.9
钡	137.36	3.5	704
重金属			
铬	52.01	7.14	1 800
锌	65.38	7.14	419.5
锡	118.70	7.30	231.9
锰	54.93	7.4	1 250
铁	55.85	7.87	1 535
镉	112.41	8.65	320.9
镍	58.69	8.9	1 455
铜	63.54	8.9	1 083.2
铋	209.00	9.8	271.3
银	107.880	10.49	960.5
铅	207.21	11.34	327.4
汞	200.61	13.55	−38.87
钨	183.92	19.3	3 370
金	197.2	19.3	1 063
铂	195.23	21.45	1 773.5
锇	190.2	22.48	2 700

金属的沸点在大多数情况下都是很高的。例如铜在 2 595 ℃沸腾，铁在 3 000 ℃沸腾，铂约在 4 400 ℃沸腾。

金属的蒸汽是单原子。

(3) 金属的化学性质

金属的化学性质主要表现是氧化还原反应。无机化学反应可分为两类：一类是参加反应的物质在反应前后元素的化合价没有改变，即反应过程中没有电子的得失，这类反应叫做非氧化还原反应。另一类是参加反应的物质在反应前后元素的化合价有改变，即反应过程中有电子的得失，这类反应叫做氧化还原反应。其中失去电子的过程叫做氧化，失去电子的物质叫做还原剂；而得到电子的过程叫做还原，得到电子的物质叫做氧化剂。

具体地说：

1) 金属的原子容易失去外层(价)电子而变成带正电的阳离子；对于非金属来说，其显著的特性是能与电子结合，变成带负电的阴离子。金属容易和氧、硫、卤素等非金属化合，例如镁在空气中可以点燃：

$$\overset{2e}{2Mg + O_2 = 2MgO} \tag{3-1-1}$$

从上可见，金属和非金属反应的本质是金属失去电子，而非金属获得电子。

2）典型的金属是强还原剂，因为它们在化学反应中很容易失去电子。

活泼金属能从酸（盐酸或稀硫酸）中置换出氢，并能从盐溶液中置换出活泼较小的金属。如锌与盐酸作用：

反应方程式：

$$\overset{2e}{\overbrace{Zn+2HCl}}=ZnCl_2+H_2\uparrow \qquad (3\text{-}1\text{-}2)$$

又如铁能和硫酸铜溶液反应，而铁不能和硫酸锌溶液反应：

反应方程式：

$$\overset{2e}{\overbrace{Fe+CuSO_4}}=FeSO_4+Cu\downarrow \qquad (3\text{-}1\text{-}3)$$

这是因为锌比铁活泼，铁又比铜活泼。所以金属与盐溶液反应的本质是活泼金属原子失去电子变为阳离子，不活泼的金属离子获得电子，还原成金属析出。

以上情况得知，金属的活泼程度是不同的，可从金属的化学性质和金属活动性的关系看出。由表 3-1-2 可见：

表 3-1-2　金属化学性质和金属活动顺序关系

<table>
<tr><td>金属活动顺序</td><td>K</td><td>Na</td><td>Ba</td><td>Ca</td><td>Mg</td><td>Al</td><td>Mn</td><td>Zn</td><td>Cr</td><td>Fe</td><td>Ni</td><td>Sn</td><td>Pb</td><td>H</td><td>Cu</td><td>Hg</td><td>Ag</td><td>Pt</td><td>Au</td></tr>
<tr><td>原子失去电子能力</td><td colspan="19">渐　弱 →</td></tr>
<tr><td>离子获得电子能力</td><td colspan="19">渐　强 →</td></tr>
<tr><td>在空气中与氧的作用</td><td colspan="4">易氧化</td><td colspan="9">常温时能被氧化</td><td>—</td><td colspan="2">加热时能被氧化</td><td colspan="3">不能被氧化</td></tr>
<tr><td>和水作用</td><td colspan="4">常温时能置换水中的氢</td><td colspan="9">加热时能置换水中的氢</td><td>—</td><td colspan="5">不能置换水中的氢</td></tr>
<tr><td>和酸作用</td><td colspan="13">能置换盐酸或稀 H_2SO_4 中的氢</td><td>—</td><td colspan="5">不能置换稀酸中的氢</td></tr>
<tr><td>自然界中存在</td><td colspan="13">仅呈化合状态存在</td><td>—</td><td colspan="3">呈化合状态和游离状态存在</td><td colspan="2" rowspan="2">呈游离状态存在</td></tr>
<tr><td>从矿石中提炼金属的一般方法</td><td colspan="6">电解法（电解熔融盐）</td><td colspan="9">还原法（用碳还原或铝热法）</td><td colspan="2">加热或其他方法</td></tr>
</table>

① 金属活动序中的每一种金属（在压力之下的氢也如此）可以将位于它后面所有的金属从它们的盐溶液中置换（还原）出来。而这种金属对应的金属离子可以被任一个位于它前

面的金属所置换(被还原)。

② 只有在金属活动序中位于氢前面的金属才能从稀酸(氢的盐类)中置换出氢。位于氢右面的金属不能从酸中置换出氢。

③ 金属活动序中愈在左面的金属愈活泼,其还原金属离子的能力也愈强,本身变成离子也愈容易,其离子也愈难被还原。

3.1.2 金属的腐蚀与金属的保护

3.1.2.1 金属腐蚀的基础知识

(1) 金属腐蚀定义

金属腐蚀定义为:金属与周围环境(介质)之间发生化学或电化学作用而引起的破坏或变质。就是说,金属腐蚀发生在金属与介质间的界面上。由于金属与介质间发生化学或电化学多相反应,使金属转变为氧化(离子)状态,这就是金属腐蚀学研究的内容。

(2) 腐蚀的分类

1) 按腐蚀环境分类

按腐蚀环境不同、可分为干腐蚀、湿腐蚀、无水有机液体和气体中的腐蚀、熔盐和熔渣中的腐蚀和熔融金属中的腐蚀。

2) 按腐蚀机理分类

① 化学腐蚀

化学腐蚀指金属表面与非电解质直接发生纯化学作用而引起的破坏。其反应历程的特点是金属表面的原子与非电解质中的氧化剂直接发生氧化还原反应,形成腐蚀产物。腐蚀过程中电子的传递是在金属与氧化剂之间进行的,因而没有电流产生。

② 电化学腐蚀

电化学腐蚀是指金属表面与离子导电的介质(电解质)发生电化学反应而引起的破坏。任何以电化学机理进行的腐蚀反应,至少包含有一个阳极反应和一个阴极反应,并与流过金属内部的电子流和介质中的离子流形成回路。阳极反应是氧化过程,阴极反应是还原过程。电化学腐蚀是最普通的、最常见的腐蚀,金属在大气、海水、土壤和各种电解质溶液中的腐蚀都属此类。

③ 物理腐蚀

物理腐蚀是指金属由于单纯的物理溶解作用引起的破坏。熔融金属中的腐蚀就是固态金属与熔融液态金属(如 Pb 、Zn、Na、Hg 等)相接触引起的金属溶解及开裂。这种腐蚀不是由于化学反应,而是由于物理的溶解作用而形成合金,或液态金属渗入晶界造成的。

3) 按腐蚀形态分类

按腐蚀形态分类有全面腐蚀、局部腐蚀和应力作用下的腐蚀。

4) 各类腐蚀形态的特点(参看图 3-1-3)

① 全面腐蚀(又称均匀腐蚀)

全面腐蚀中,凡有腐蚀产物膜形成的称全面成膜腐蚀。如不锈钢、铝合金在氧化环境中生成的氧化膜,这种膜通常具有保护性。无膜的全面腐蚀显然是危险的,如铁、锌在盐酸中溶解,铝合金在氢氧化钠中的溶解等。无膜的全面腐蚀除特殊情况外,一般不会遇到。

全面(均匀)腐蚀的特征是阴、阳极反应同时发生在金属表面上;阴、阳极难以分辨;腐蚀

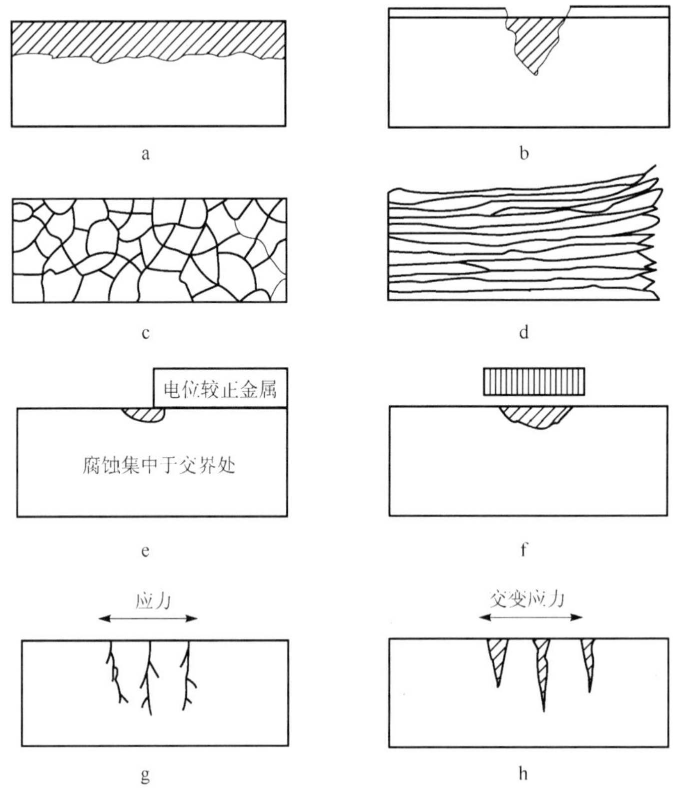

图 3-1-3 腐蚀形态示意图

a 均匀腐蚀(全面腐蚀);b 点蚀(孔蚀);c 晶间腐蚀;d 剥蚀;
e 电偶腐蚀;f 缝隙腐蚀;g 应力腐蚀断裂;h 腐蚀疲劳

电流非常小,由腐蚀电流引起溶液内部的电位降可忽略,金属具有同等的腐蚀电位;腐蚀产物在整个表面上生成。

② 点腐蚀

点腐蚀又称为小孔腐蚀,是一种高度局部的腐蚀形态,一般小孔直径等于或小于它的深度。小而深的孔可能穿透金属材料,引起物料流失或设备报废。

③ 缝隙腐蚀

缝隙腐蚀是发生在缝隙内的一种腐蚀形式,如螺栓和螺帽之间、垫圈和金属之间、焊接气孔、氧化皮、污垢、沉积物、涂料等覆盖物和下面金属之间出现缝隙产生的腐蚀。缝隙腐蚀是一种特殊的局部腐蚀。破坏形态成沟缝状,严重的可穿透。它的产生和发展机理类似于点蚀。缝隙内是缺氧区,成为阳极,也产生自催化加速作用。产生的条件有两条:①要有危害性离子 Cl^-;②要有滞流的缝隙(0.025 4～0.3 mm)。

④ 晶间腐蚀

晶间腐蚀是一种由微电池作用而引起的局部破坏现象,是金属材料在特定的腐蚀介质中沿着材料晶粒边界深入内部,直至成为溃疡性腐蚀,使整个金属强度完全丧失,晶粒间已丧失了结合力,失去金属的声音,甚至成为粉状。因此,它是一种危害性很大的局部腐蚀。

⑤ 应力腐蚀断裂

应力腐蚀断裂是指金属或合金在腐蚀和拉应力的同时作用下产生的断裂。这里指的是在特定的“材料一环境”下的局部腐蚀，如“不锈钢—Cl^-”，“碳钢—NO_3^-”等。压应力不会导致断裂。应力腐蚀特性类似于点蚀、缝隙腐蚀，同属于一种腐蚀电池类型。区别在于它是电化学作用和机械作用的综合结果。其发生和发展的过程是：

a. 在化学介质的作用下金属表面生成钝化膜；

b. 膜局部断裂，产生点蚀孔或裂隙，形成了闭塞腐蚀电池；

c. 在开裂孔的尖端产生应力集中，裂缝向纵深发展导致断裂。所以在实际应用中要避免应力集中，采取必要的保护措施。

⑥ 氢腐蚀

由于金属内部存在氢或氢相，引起金属破坏，被称为氢腐蚀。可分为氢鼓泡、氢脆、氢蚀等。这里提到的氢脆是氢原子进入金属内部，使金属晶格变形，导致延展性、抗张和强度下降，并变脆。

⑦ 腐蚀疲劳

腐蚀疲劳是在交变应力和腐蚀共同作用下引起的破裂。这种应力是沿着两个相反的方向交替作用，如果其大小低于疲劳极限，既使经过长期作用也不产生疲劳破裂，但在腐蚀介质的作用下疲劳极限大大降低，因而在不高的交变应力下就易发生破裂。

腐蚀疲劳的外形特征是：通过蚀孔有若干条裂缝，方向和应力垂直，是穿晶型，没有分支裂缝、缝边呈现锯齿形。容易产生腐蚀疲劳的设备有振动部件泵轴和杆，由于温度变化产生周期热应力的换热管、锅炉管等。

⑧ 磨损腐蚀

流体对金属表面同时产生机械磨损和电化学腐蚀的破坏形态称为磨损腐蚀。磨损腐蚀分为冲击腐蚀、气蚀和摩振腐蚀三类。

冲击腐蚀是在高速流体的冲刷下，使金属表面的保护膜破损，金属遭到破坏。这种破坏通常发生在改变流向和口径突然减小、受到流体冲击的部位。如弯管、三通、正对入口管的部位和热交换器传热管的入口端等。腐蚀的外表特征是局部性的沟槽、波纹、凹谷形，并有一定的方向性。

空泡腐蚀又叫气蚀。是由于高速流动的流体，因压力变化（局部压力下降），形成空泡，空泡消失产生高压，使金属表面保护膜遭到破坏、腐蚀加速。这种腐蚀多发生在高速转动的泵叶轮上。

摩振腐蚀是由相互接触的部件表面的相对运动、相互磨损（振动和滑动）、破坏了金属保护膜，使暴露的金属迅速氧化，腐蚀加速。这种腐蚀多发生在相互铆接或螺丝连接的部件上。

图 3-1-4 为美国对 1968—1971 年间腐蚀事例的调查结果。从图中可以看出，腐蚀疲劳、全面腐蚀和应力腐蚀破坏事故所占的比例较高。全面腐蚀事故出乎意料的多，说明选材不当，与有关人员缺乏腐蚀防护知识有关。一般情况下，局部腐蚀比全面腐蚀的危险性大得多。由于应力腐蚀和氢脆的发生，其危害性最大，常常造成灾难性事故，因而引起近几十年来广泛而深入的研究。

（3）金属腐蚀速度的表示

1）失重法和增重法

金属腐蚀程度的大小可用腐蚀前后试样质量的变化来评定。人们习惯上称为“失重法”或“增重法”。失重法是根据腐蚀后试样质量的减小，来计算腐蚀速度。此法适用于均匀腐蚀。当腐蚀后试样质量增加且腐蚀产物牢固地附着在试样表面时，可用增重法来计算腐蚀速度。我国以质量变化表示腐蚀速度的单位符号是：$kg/(m^2 \cdot a)$、$g/(dm^2 \cdot d)$、$g/(cm^2 \cdot h)$、$mg/(dm^2 \cdot d)$（英文缩写为 mdd）。

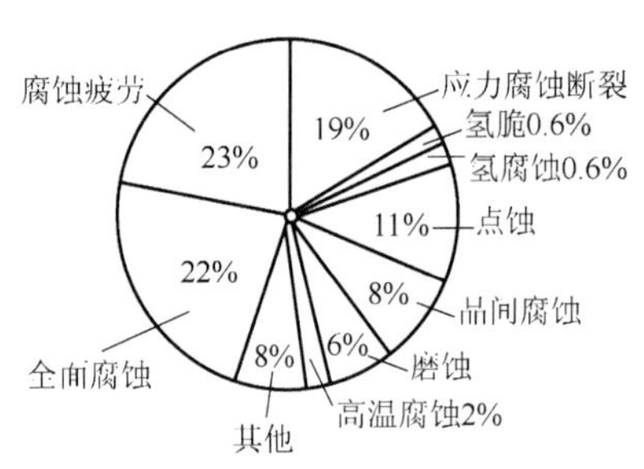

图 3-1-4　不同腐蚀形态所占的比例

2）深度法

在衡量不同密度的金属的腐蚀程度时，更适合用深度法表示：mm/a（毫米每年）。国外腐蚀文献上常用 ipy（英寸/年），ipy 是 inchs per year 的缩写和 mpy（密耳/年），mpy 是 mils per year 的缩写。1 mil $=10^{-3}$ in（英寸）而 1 in = 25.4 mm。注意，这些非国际单位应避免使用。

3）容量法

析氢腐蚀时，如果氢气析出量与金属的腐蚀量成正比，则可用单位时间内单位试样表面积析出的氢气量来表示金属的腐蚀速度，单位为 $cm^3/(cm^2 \cdot h)$。

4）以电流密度表示腐蚀速度

对于几种常用的金属材料，当平均腐蚀电流密度以国际单位 A/m^2 表示时，几乎与以 mm/a 单位表示的腐蚀速度相等。

3.1.2.2　金属腐蚀的机理

（1）金属的腐蚀

金属是机器和设备最常用的材料，可是它在使用中易被腐蚀，估计世界上每年由于腐蚀而报废的钢铁设备相当于钢铁年产量的 25%。不仅损失了金属，会引起飞机坠毁、轮船漏水、环境污染，以致造成中毒或爆炸等事故。按美、英、日等国多年统计，由于腐蚀造成的损失约占国民经济总产值的 3%～4%。我国一些部门的统计数字大约也在这个范围，如按 3.5%计，20 世纪末某年国民经济总产值为 3.14 万亿元，则腐蚀给我国造成的损失达 1 100 亿元之多，所以腐蚀及其防护是人们十分关心的问题。金属的腐蚀常有以下情况：

1）金属与腐蚀介质的作用

金属与腐蚀介质，如氧、氯或硫化氢等作用，直接发生的腐蚀叫做化学腐蚀。这种腐蚀符合化学反应规律，温度越高，反应速度越快。例如，铁在 800～1 000 ℃时显著氧化，生成的氧化物可分为三层，如图 3-1-5 所示，最靠近金属铁的是 FeO 层，它在 570 ℃以上是稳定的，在低于 570 ℃时，将按下式缓慢分解：

$$4FeO \longrightarrow Fe + Fe_3O_4 \qquad (3\text{-}1\text{-}4)$$

靠近 FeO 层的是 Fe_3O_4 层，最外层是 Fe_2O_3。氧离子（O^-、O^{2-}）可以通过氧化层向内扩散，铁离子（Fe^{2+}、Fe^{3+}）也可以通过氧化层向外扩散，使腐蚀继续进行，硫化氢与铁作用，生成氢气和硫化铁：

$$H_2S + Fe \rightleftharpoons FeS + H_2\uparrow \qquad (3\text{-}1\text{-}5)$$

此反应在高温下迅速进行，生成的 FeS 夹杂在金属晶粒之间的界面上（或称为“在晶界上”），使金属材料的强度下降。生成的氢，先以原子状态溶于金属中，接着氢原子扩散并逐步聚集于应力集中处或金属缺陷处，使金属变脆，称为“氢脆”，这是使金属产生裂纹以致断裂的原因之一。它对高强度钢的危害最大，不仅硫化氢可以引起氢脆，所有含氢物质如水、甲烷等在一定条件下都会引起氢脆。

2）金属腐蚀中的电化学腐蚀

金属腐蚀中最常见的、危害最大的是电化学腐蚀。金属表面可吸附空气中的水分，形成一层水膜，即使在很干燥的大气中，金属表面也可吸附几个分子厚的水层。有尘土或盐类在温度很低时也可使水分凝聚，如图 3-1-6 所示。空气中的 CO_2、SO_2、手汗中的 NaCl 和乳酸等都能溶于金属表面的水膜中，形成电解质溶液，而浸泡在溶液中的不同金属则成为原电池的两极，这样就会产生电化学腐蚀。

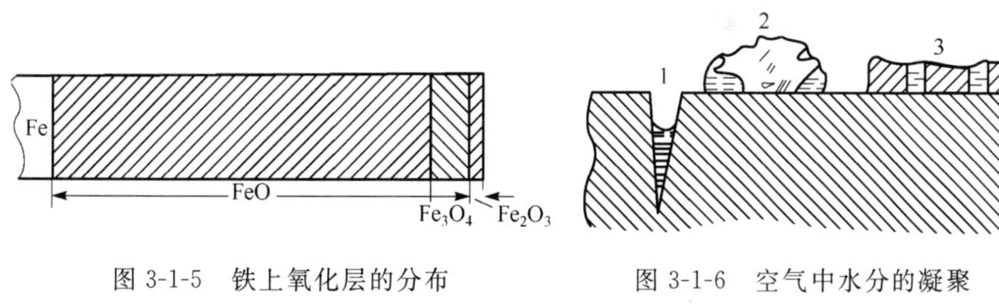

图 3-1-5　铁上氧化层的分布

图 3-1-6　空气中水分的凝聚

1—缝隙；2—尘土；3—小孔

3）两种金属接触的情况

两种金属腐蚀相接触时，如 Cu、Al 导线的接头，在空气中表面凝聚着一层水膜，水膜内溶有 CO_2 成为电解质溶液，Cu、Al 浸于其中，形成了原电池见图 3-1-7。铝电极电势低，发生氧化反应，称为阳极[①]；铜电极电势高，发生还原反应，称为阴极。由于电极反应而引起的腐蚀叫做大电池腐蚀。其反应如下：

(－) 阳极反应　$2Al - 6e^- = 2Al^{3+}$　$[2Al^{3+} + 6OH^- = 2Al(OH)_3]$　(3-1-6)

(＋) 阴极反应　$6H^+ + 6e = 3H_2\uparrow$　(3-1-7)

总反应　$2Al + 6H_2O = 2Al(OH)_3 + 3H_2\uparrow$　(3-1-8)

4）工业用钢铁材料中的腐蚀

工业用钢铁材料中常含有锰、硅、碳（石墨）和碳化铁（Fe_3C）等杂质。石墨和 Fe_3C 不易失去电子，它们在水膜电解质溶液中成为阴极，而金属铁成为阳极，成为腐蚀电池。由于微小的杂质分散于铁中，形成微阴极（如杂质比铁更容易失电子，则成为微阳极），故称为微电池腐蚀。见图 3-1-8。

(－) 阳极反应　$Fe - 2e^- = Fe^{2+}$　$[Fe^{2+} + 2OH^- = Fe(OH)_2]\downarrow$　(3-1-9)

(＋) 阴极反应　$2H^+ + 2e^- = H_2\uparrow$　$(H_2O \rightleftharpoons H^+ + OH^-)$　(3-1-10)

溶液中 H^+ 向阴极扩散，得电子后放出 H_2；H_2O 不断电离，OH^- 浓度继续增加，OH^- 与 Fe^{2+} 相遇，超过其溶度积时，就产生白色或淡绿色的胶状 $Fe(OH)_2$ 沉淀，它还可以继续氧化成红棕色的 $Fe(OH)_3$：

① 在讨论腐蚀时，通常把进行氧化反应的极叫做阳极，进行还原反应的极叫做阴极。

$$4Fe(OH)_2 + 2H_2O + O_2 \longrightarrow 4Fe(OH)_3 \qquad (3\text{-}1\text{-}11)$$

普通的铁锈是 $Fe(OH)_3$，它部分脱水产物以 $Fe_2O_3 \cdot mH_2O$ 表示（m 不一定是整数）。$Fe_2O_3 \cdot mH_2O$ 有 α、γ 两种结构。α 型为红棕色，γ 型为黄色，所以铁锈也有红色和黄色两种。由于这种腐蚀有氢析出，故称为析氢腐蚀。

水溶液中通常溶有氧，它比 H^+ 更容易得到电子，在阴极上进行反应：

$$O_2 + 2H_2O + 4e^- = 4OH^- \qquad (3\text{-}1\text{-}12)$$

这种腐蚀称为吸氧腐蚀。钢铁在空气中的腐蚀主要形式是吸氧腐蚀。

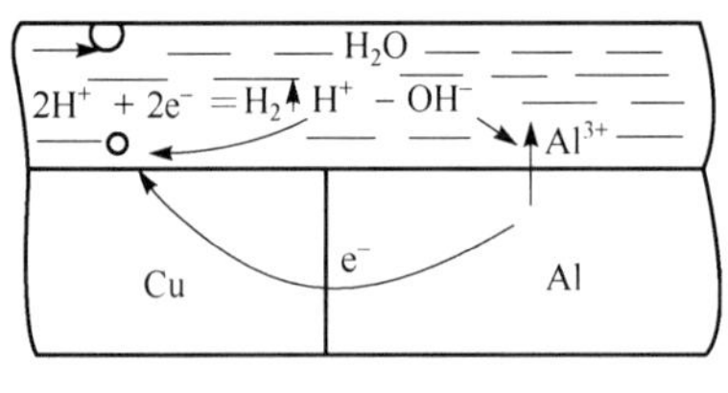

图 3-1-7 大电池腐蚀

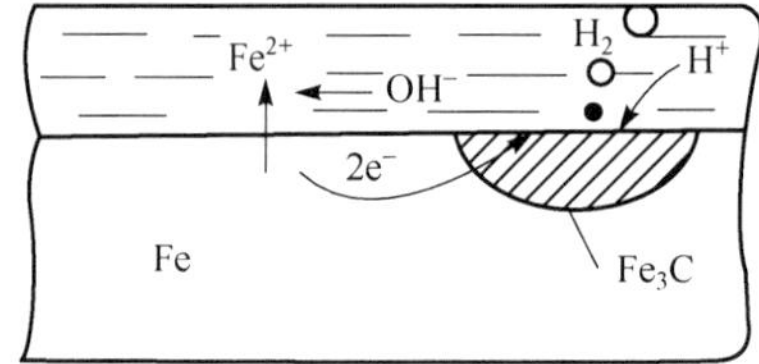

图 3-1-8 微电池腐蚀

（2）金属产生腐蚀的必要条件

① 金属表面各部分（不同金属间）存在电势差。标准电极电势较高的不活泼金属（石墨等惰性材料）作为阴极；标准电极电势低的活泼金属（如 Mg 、Zn 等）作为阳极。

② 阴、阳两极浸于电解质溶液中。

3.1.2.3 金属的保护

（1）金属保护的基本概念（或常用术语）

1）金属的钝化

金属或合金在一定条件下，经过一定处理，其腐蚀速率明显降低的现象叫做钝化现象；其所获得的耐蚀状态，称为钝态；其由活化态转为钝化态的突变过程，叫做金属或合金的钝化；其钝化后所获得的耐蚀性，称为金属或合金的钝性。

钝化按形成的原因分为化学钝化和电化学钝化。化学钝化是由化学因素引起的，电化学钝化是由电化学因素引起的。总之，金属（或合金）由活化态变为钝化态的过程，其电极电位总是朝着贵金属的方向移动。如果能够维持已提高的电位，即可实现钝化，从而提高金属或合金的耐蚀性。无论化学钝化或电化学钝化，金属表面将发生氧离子吸附，形成氧化物或氢氧化物，是导致钝化的重要条件。

2）极化

当有电流流过电极表面时，电极就会失去平衡，并引起电位的变化，称为极化。极化作用能使电池两极间的电位差减小，电流强度降低，从而减缓了腐蚀速率。因此极化是决定腐蚀速率的主要因素。

3）超电压

电极极化程度可用超电压（或过电位）或极化率作出判断。我们把电极通过一定电流密度时的电极电位与平衡电极电位的差值称为超电压，超电压愈大，表明极化程度愈大，电极反应愈难进行，腐蚀速率愈小。反之，腐蚀速率会愈大。

(2) 金属保护常用的方法

1) 钝化

金属或合金的化学钝化一般由强氧化剂引起的，又将其称为钝化剂。在工业上浓 H_2SO_4 是用铸铁罐贮运的，浓 HNO_3 是用铝罐贮运的。这是因为在浓的氧化性酸中，铁、铝表面会生成致密的氧化膜，产生了阴极极化，阻止浓酸与金属反应，这称为化学钝化。另外一种叫做电化学钝化。

2) 电化学保护

电化学保护是使金属材料、构件极化到免蚀区或钝化区。办法是通电，即将被保护工件接到直流电源的负极，当电流通过阴极时，阴极电位朝负的方向变化，将腐蚀电位降低到最低限度，表面产生阴极极化，叫做阴极保护；若把工件接到直流电源的正极，外加适当的电流，电流通过阳极时，使阳极电位朝正的方向变化，其表面生成一层致密的钝化膜，金属由活化状态变为钝态，产生阳极极化，于是金属得到了保护。如果继续外加小电流就能维持阳极处于钝态，使金属减缓腐蚀。

3) 提高金属表面的电化学均匀性

提高金属的纯度，提高加工表面的光洁度、平整度，设计零、部件时考虑其各部分受力、受热均匀，从而使表面不提供阴、阳极，即使产生两极，其电势差也很小，以防止腐蚀。

4) 保护层

采取涂漆、电镀、化学镀、搪瓷、磷化等方法使腐蚀介质与金属隔离，以防止腐蚀。

5) 加缓蚀剂

在介质中加入能降低金属腐蚀速率的物质，叫做缓蚀剂，也叫腐蚀抑制剂。使腐蚀电池阳极极化作用加强的，叫做阳极缓蚀剂。使阴极极化作用加强的，叫做阴极缓蚀剂。极化作用加强，腐蚀电流下降，从而降低腐蚀速率。

3.2 一回路结构材料的腐蚀特点及影响因素

3.2.1 一回路的结构材料

早期发展的一些核电站，与冷却剂相接触的材料几乎全部是不锈钢。现在，具有耐高温及更良好核性能的锆合金逐渐取代了不锈钢而成为燃料元件的包壳材料；同时，蒸汽发生器中的不锈钢换热管亦逐渐为具有更好的抵抗氯离子应力腐蚀能力的镍基合金管所取代。于是，压水堆一回路中不锈钢材料的量，就从早期的近于 100%，减少到现在仅占 10%左右。此外，某些活动的机械部件，如控制棒驱动机构、泵叶轮、轴承、阀杆、阀板等，采用了耐磨高强度钢和硬质合金，避免生成更多的活化腐蚀产物钴-60。

表 3-2-1 列出了一个典型的压水堆一回路各部件及部位所采用的金属材料。

表 3-2-1 压水堆有代表性的结构材料

设 备	材 料
反应堆压力壳	
压力容器	低合金钢[1)]，304 型不锈钢覆面
仪表的控制棒驱动接管	因科镍-600 合金
燃料元件包壳和导向环	锆-4 合金
控制棒驱动机构	17-4PH，410 型不锈钢
主管道	304L 型不锈钢
波动管和喷雾管	316 型不锈钢
蒸汽发生器	
壳体	低合金钢[1)]
下封头衬里	堆焊 304 型不锈钢
管板覆面(一回路侧)	堆焊因科镍-600 合金
换热管	因科镍-600 或因科洛依-800 合金
隔板	410 型不锈钢
反应堆冷却剂泵	
泵壳	低合金钢[1)]，堆焊不锈钢
叶轮	17-4PH 型不锈钢
稳压器	
筒体	低合金钢[1)]，304 型不锈钢或因科镍-600 合金衬里
电加热器	因科镍-600 合金

注：1) 此处系特种低合金钢(通常是低碳锰钼铌钢)，国内牌号为 S-271，S-272，美国类似材料的牌号为 508-2，508-3，德国用 22NiMoCr37。

3.2.2 锆合金的腐蚀特点及影响因素

纯锆虽然具有良好的核性能与机械性能，但却不宜作为燃料棒的包壳材料。因为它对氮、氧有很强的亲和力，在中子辐照下易发生脆裂。添加少量的合金元素即能大大改善锆的性能。在压水反应堆中，锆锡合金和锆铌合金获得了广泛的应用。

锆锡合金主要有两种：锆-2 合金和锆-4 合金，合金中的锡可抵消氮的有害作用。锆-2 合金的吸氢性能很强，甚至能 100% 地吸收腐蚀过程中产生的氢，因而较易发生氢脆。合金中的镍是造成吸氢量大的主要元素。因此，研究了锆-4 合金，它与锆-2 合金的区别在于镍的含量大大降低，但加入了等量的铁。降低了镍含量就降低了合金的吸氢性能，但对合金在高温蒸汽中(400℃)的抗氧化性能有不良影响，加入等量的铁就弥补了这一缺陷。这样得到的锆-4 合金，其耐氧化性能及其他性能均与锆-2 相当，唯吸氢量仅为锆-2 合金的 1/3～1/2。锆-4 合金已被广泛用作水冷堆的燃料包壳材料。

锆位于周期表 IVB 族，是一种非常活泼的金属，但它却具有良好的抗腐蚀性能，这归因于金属表面氧化膜的保护作用。若破坏了这层保护膜，锆合金就会在短时间内遭受到腐蚀破坏。

锆合金在高温水或蒸汽中生成氧化物膜，并放出氢气。反应式如下：

$$Zr + 2H_2O \longrightarrow ZrO_2 + 2H_2 \tag{3-2-1}$$

反应速度在开始时非常缓慢，当氧化膜增加到一定厚度时，腐蚀速率突然增加，随后腐蚀速率又逐渐减缓并趋近恒定值。图 3-2-1 和图 3-2-2 分别为锆-2 合金及锆-4 合金在高温水（或蒸汽）中的腐蚀曲线。腐蚀突然加快的一点称为转折点。在转折点以前，氧化膜呈平滑连续状紧贴在金属表面上，并且有黑色光泽，是一种组成为 ZrO_{2-n}（$n<0.05$）单斜晶体。转折点后，氧化膜呈灰色或白色，组成为 ZrO_2，疏松地附着在基体金属上，膜破坏时，应力发生重新分配，变得松软易崩塌、易被冲垮，即无保护作用。

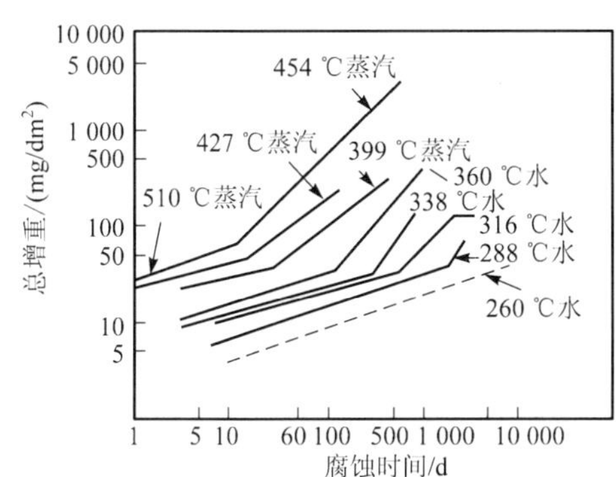

图 3-2-1　锆-2 合金在高温水（或蒸汽）中的腐蚀作用
（实线为实验数据，虚线为外推数据）

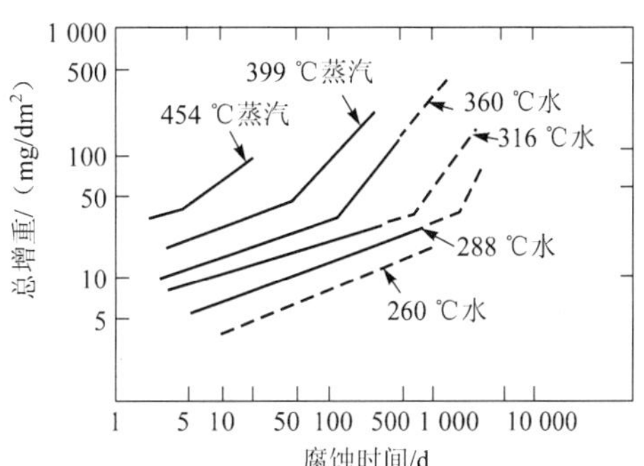

图 3-2-2　锆-4 合金在高温水（或蒸汽）中的腐蚀作用
（实线为实验数据，虚线为外推数据）

3.2.2.1 影响锆合金在冷却剂中腐蚀的因素

（1）温度

由图 3-2-1，图 3-2-2 可见，冷却剂温度越高，到达转折点的时间就越短，腐蚀量也越大。堆内锆合金包壳大部分时间处于转折点以后的状态，因此，掌握转折点以后的锆合金腐蚀行为十分重要。

（2）冷却剂流速为 0～10 m/s 范围时，对锆合金的腐蚀没有什么影响。

（3）中子注量率

锆合金（Zr-2，Zr-4）在水蒸气中的腐蚀，强烈地受中子注量率和氧含量的影响，且两者相互促进。在中子辐照下，冷却剂或蒸汽中的氧能显著提高腐蚀速率，同样，在含溶解氧的冷却剂中，提高中子注量率也会加剧锆合金的腐蚀。由于压水堆冷却剂中的溶解氧允许浓度很低，中子辐照对锆合金的腐蚀速率不会有显著影响。

（4）热通量

反应堆运行时，裂变产生的热量经过元件包壳向冷却剂传递，若包壳表面氧化膜增厚，金属氧化物界面的温度将随之上升，使包壳的氧化速度加快。

（5）冷却剂水质

① 碱性溶液对锆合金腐蚀影响较大，LiOH 较 KOH 更为明显。碱浓度越高，锆合金腐蚀速率越大（见图 3-2-3）。

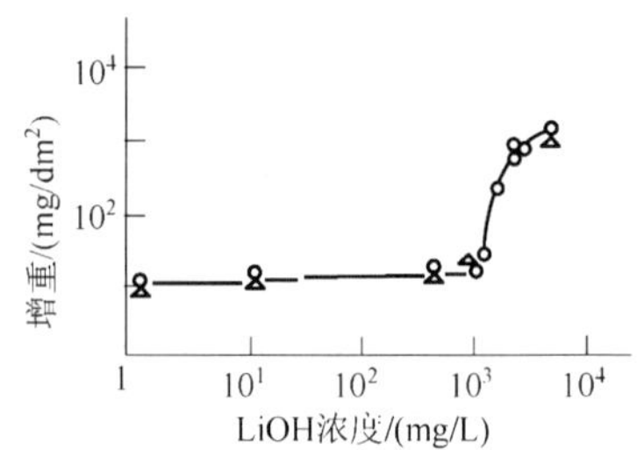

图 3-2-3　锆合金在 LiOH 溶液中的腐蚀

O—锆-2；Δ—锆-4

溶液中 Li^+ 浓度对锆合金的腐蚀影响，可用下式表示：

$$R/R_0 = 1 + 13[Li^+] \qquad (3\text{-}2\text{-}2)$$

式中，R——锆合金在 LiOH 溶液中的腐蚀速率；R_0——锆合金在纯水中的腐蚀速率；$[Li^+]$——Li 离子的摩尔浓度。表 3-2-2 援引了一些计算结果。发生泡核沸腾时，LiOH 可能在堆内构件缝隙处浓缩，引起锆合金局部腐蚀。

② 硼酸对锆合金腐蚀的影响

在冷却剂硼浓度所能达到的范围内，硼酸对锆合金的腐蚀没有什么影响。

③ 卤素离子对锆合金腐蚀的影响

在卤素中，氟对锆合金的腐蚀作用最明显。在 360 ℃，pH 为 10.5 的水中，当氯或碘的浓度为 0.01 mol/L，Zr-4 合金的腐蚀性能没有变化，甚至当氯离子浓度高达 10^4 mg/L ，也同样如此。而微量氟（约 10 mg/L）则能显著增加锆合金的初始腐蚀速率和吸氢量。反应堆冷却剂中有时会出现微量氟，它可能来自某些密封材料（如聚四氟乙烯），也可能因燃料元件制造厂对包壳表面进行氢氟酸处理后漂洗不干净所致。

表 3-2-2　LiOH 浓度对锆合金腐蚀的影响

[LiOH]/(mol/L)	R/R_0
10^{-4}	1.001 3
10^{-3}	1.013
10^{-2}	1.13
10^{-1}	2.3
1	14

锆合金的应力腐蚀比其他类型腐蚀引起的局部腐蚀发展要快，因此具有更大的危险性。在高功率下燃料元件包壳的破损多属这类腐蚀。锆合金受应力破裂的敏感温度为 240～500 ℃。以 400 ℃为最敏感。

④ 溶解氢对锆合金腐蚀的影响

水中溶解少量氢气，对锆合金的腐蚀没有什么影响，甚至溶液气相空间氢气分压达到 4.84 MPa（表头压力）时，其影响也不显著。氢对锆合金的破坏作用主要表现在氢脆方面。

⑤ 锆的氢脆

锆合金与水反应产生的氢气，一部分能穿过氧化物膜扩散到锆合金中而被吸收。被吸收的氢通过热扩散在金属中的低温处（通常是燃料包壳外表面）浓集，若局部浓集超过氢在锆中的溶解度时，就会在晶界或晶面上析出氢化锆 $ZrH_{1.5}$，使锆的脆性增加，这就是锆的氢脆现象。氢化锆的形成改变了金属的机械性能，使锆合金的腐蚀作用加快。

锆合金燃料包壳的内氢脆，系指氢化锆由燃料包壳内壁向外表呈辐射状析出，使包壳产生裂缝，甚至贯穿管壁造成裂变产物的泄漏。这是至今危害水冷堆燃料元件包壳完整性的最严重问题。经验证明，造成一个辐射缺陷的最小氢量约为 0.2 mg。燃料中的微量水分往往是氢的主要来源，所以需要严格控制。有人提出，卤素和铯能促进内氢脆，尤其是氟会削弱氧化膜对氢穿透的保护作用。氟和水汽共同作用将加速辐射状缺陷的形成，所以应严格控制燃料芯块的氟含量，一般宜低于 10～15 mg/L。水中的溶解氧给锆合金的腐蚀以显著影响。

3.2.3　不锈钢的腐蚀特点及影响因素

（1）不锈钢的腐蚀特点

不锈钢的耐腐蚀性应归因于合金中铬的存在，铬在其中的质量分数超过 11%时，即能抵抗大气腐蚀。增大水溶液的 pH 值，对不锈钢的稳定性常常是有益的，见表 3-2-3。提高表面光洁度能改善不锈钢的耐蚀性能（见图 3-2-4）。

表 3-2-3　不锈钢(1Cr18Ni9Ti)的腐蚀速率与溶液 pH 的关系

温　度 t/℃	介　质	pH	时间/h	腐蚀速率/(mg/m^2·mon)
350	0.1mol/L　HNO_3	1.07	300	150
	0.001 mol/L　HNO_3	3.01	300	36
	蒸馏水	6.8	100	15
	0.001 mol/L　NaOH	11.13	300	14.4

在高温水中，溶解氧的存在往往使不锈钢表面生成的氧化膜（α-Fe_2O_3）比较疏松，易受水力冲刷等影响而剥落，失去保护作用，因此，水中溶解氧超过某一浓度将加剧腐蚀。辐射对不锈钢的腐蚀没有太大的影响，但长期受中子辐照将使不锈钢机械性能发生变化。

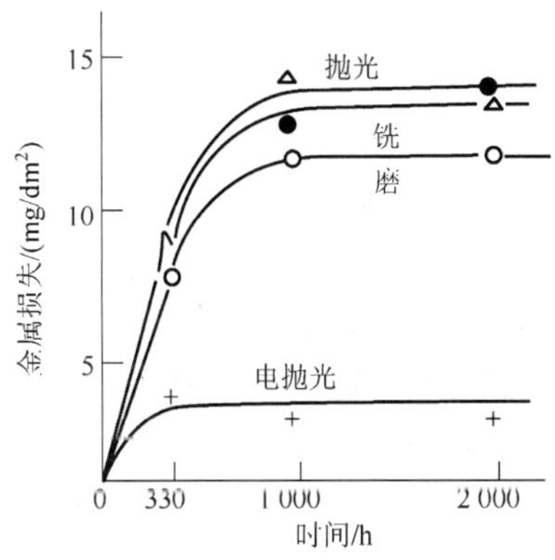

图 3-2-4　用不同方法进行表面处理的不锈钢在高温水（300 ℃）中的腐蚀

试验表明，不锈钢在一回路含硼冷却剂中，与在纯水中相当，即硼酸的存在对不锈钢的腐蚀作用无明显影响。当冷却剂中的含氧量低于 5 mg/L 时，氧的存在对不锈钢腐蚀速率也几乎没有影响。辐照也对不锈钢的腐蚀无明显促进作用。

由此可见，不锈钢的均匀腐蚀速度很低，而且这类腐蚀比较容易发现，且不透入金属内部，对机械性能和设备完整性影响不大。

（2）不锈钢的应力腐蚀

不锈钢的应力腐蚀破裂事故已占全部湿态破坏事故的 30%～50%，因此引起人们极大的重视。不锈钢在含氧和氯离子水中，最易遭受到应力腐蚀。通常奥氏体不锈钢（敏化 304，316）在含有氯离子的高温水中的应力破裂，呈穿晶型；而在含氧高温水中，则呈晶间型。随着镍含量的增加，奥氏体不锈钢对氟离子穿晶应力腐蚀的敏感性减少，甚至可以完全避免。这正是压水堆改用镍基合金作为蒸汽发生器管材的主要原因。

（3）影响不锈钢应力腐蚀破裂的因素

① 氯与氧

水中溶解氧和氯离子的共同作用是不锈钢穿晶应力腐蚀破裂的重要原因。这种腐蚀曾造成了蒸汽发生器等主要设备的严重破坏。

奥氏体不锈钢破坏的概率随氯离子浓度的增大而增大，在氧含量高的水中尤甚。氧是奥氏体不锈钢氯离子应力腐蚀破裂的促进剂。在 260 ℃的含氧水中，即使氯离子的含量仅为 1 mg / L ，用弯曲加载应力使 18-8 型不锈钢样品发生腐蚀破裂；而在氧含量小于 0.1 mg/L的水中，氯离子浓度即使高达 2 000 mg/L 也未见不锈钢应力腐蚀破裂发生。在无氧的氯化物溶液中，奥氏体不锈钢不会发生腐蚀破裂，而在氯离子浓度相同的情况下，加载应力的试样出现一裂缝的时间与溶液氧浓度成比例，氧浓度越低，产生裂缝所需的时间也越长，见表 3-2-4。

表 3-2-4 1Cr18Ni9Ti 不锈钢应力腐蚀破裂试验结果(350 ℃)

浓度/(mg/L)		试验小时/h	结　果
Cl^-	O_2		
0.05	0.1～0.2	880	无裂缝
0.10	0.2～0.4	2 055	无裂缝
0.10	1.5～3.0	1 985	出现裂缝
0.10	38～42	221	出现裂缝
10	0.5～1.0	650	出现裂缝
1 000	0.1～0.2	873	无裂缝

由此可见，在压水堆中，为防止不锈钢氯离子应力腐蚀，应严格控制冷却剂中溶解氧及氯离子的浓度，尤其溶解氧的浓度越低越能减少腐蚀。

② 氟离子

一般认为氟离子会引起高温水中甚至低温水中不锈钢的应力腐蚀破裂，但是对于能够引起这种破裂的最低氟离子浓度众说不一。除氟和氯以外，还未发现不锈钢在其他卤素离子溶液中的应力腐蚀现象。

③ 硼酸和氢

二者在压水堆冷却剂浓度范围内，对不锈钢应力腐蚀无不利影响。

④ pH 值

提高溶液的 pH 值能延缓腐蚀破裂过程，因为 pH 值的变化影响了金属溶解的动力学和电极过程。

⑤ 温度

温度对不锈钢的氯离子应力腐蚀破裂也有一定的影响。100 ℃以下，发生这类腐蚀破裂的事例比较少见。随着温度升高，不锈钢的氯离子应力腐蚀破裂的敏感性增加，产生破裂时间缩短。200～300 ℃是不锈钢应力腐蚀敏感温度。

(4) 不锈钢晶间腐蚀

发生晶间腐蚀时，金属外表往往没有明显变化，而金属的机械性能却急剧降低，甚至破坏。某些牌号的不锈钢若热处理不当就易发生这种腐蚀。提高退火温度，降低含碳量，添加钛、铌等合金元素(稳定化元素)以及采取合理的焊接工艺，可以大大改善不锈钢板的抗晶间腐蚀性能。

在严格坚持材料标准和加工条件下，1 Cr18Ni9Ti 不锈钢蒸汽发生器管束和腐蚀挂片试验(pH=10,295 ℃)数年后,均未发现晶间腐蚀。因此,可以认为,在无应力作用或应力较低的条件下,不锈钢晶间腐蚀已基本可以防止。

(5) 不锈钢苛性晶间应力腐蚀破裂

苛性碱也能引起不锈钢晶间腐蚀类型的应力腐蚀破裂。不锈钢的苛性晶间应力腐蚀与氯离子应力腐蚀不同,前者不需要氧,而且不像后者那样容易发生。苛性碱对不锈钢表面无不良影响。但在加热的缝隙中,苛性碱的局部浓缩能造成不锈钢断裂。

冷却剂中硼酸存在与否对不锈钢的腐蚀无明显影响。正常条件下,一回路不锈钢极少发生应力腐蚀破裂,但当水质恶化或局部杂质浓缩时,可能发生这种现象。有资料记载美国不锈钢包壳的平均破损率仅为0.01%,可见是相当低。还有资料记载不锈钢蒸汽发生器及其他部件的应力腐蚀破裂情况,其中氯离子的存在和热处理(包括焊接)不当,往往是破裂的主要原因。一回路泵、阀的密封填料、焊剂、离子交换树脂乃至二回路水的渗漏都可能向冷却剂引入氯离子。此外,在不锈钢管子的制造过程中酸($HF-HNO_3$)洗后残余的氟离子也可能与晶间应力腐蚀的产生有关。为了避免不锈钢的氯离子应力腐蚀,不少压水堆采用镍基合金代替不锈钢作为蒸汽发生器的管材。但随之而来的是镍合金的苛性应力腐蚀,所以蒸汽发生器换热管的应力腐蚀破裂问题并未最终解决。

3.2.4　镍基合金的腐蚀特点及影响因素

为解决蒸汽发生器中不锈钢管子的氯离子应力腐蚀问题,广泛采用了因科镍-600和因科洛依-800作为管材。因科镍含镍量较高,是早期研制成功的比较简单的镍-铬-铁固溶体耐热合金,因科洛依合金的使用历史较短。它们都具有良好的冷、热加工性能,低温机械性能,抗氧化性能和抗高温腐蚀性能,尤其抗氯离子应力腐蚀性能极佳。但在高温、应力和苛性碱的共同作用下,有发生苛性应力腐蚀的危险性。

因科洛依合金的机械性能略低于因科镍合金。当NaOH浓度低于10%时,因科洛依-800的抗腐蚀性能优于因科镍-600,但当NaOH浓度更高时则相反。除此之外,因科洛依合金含镍量较少,由此^{58}Ni被活化生成的^{58}Co也相应减少,所以采用因科洛依合金作为蒸汽发生器管材的反应堆,停堆时一回路的辐照强度较之用因科镍合金的低约四分之一左右。

(1) 镍基合金的耐腐蚀性能

在高温水中,镍基合金的耐腐蚀性能与不锈钢相似。金属表面也生成保护性尖晶石型氧化物Me_3O_4,腐蚀速率通常很低。在类似压水堆的水质,温度和水流速度条件下,因科镍-600腐蚀速率随时间而减少,在200天后达定值,但粗糙或带有冷加工残屑(金刚砂喷、磨后的沙砾)的表面腐蚀较快,向硼酸溶液中添加少量的碱可以减少粗糙表面的腐蚀速率,提高金属表面的光洁度,有利于增强其抗腐蚀能力。溶液中的硼酸对因科镍合金的腐蚀没有多大影响。

腐蚀产物释放率也随时间的增加而减少,在200天后趋向于定值,见图3-2-5和表3-2-5。在260 ℃无论用LiOH或NH_4OH来调溶液的pH值,腐蚀产物释放率均无明显变化。温度上升,释放率稍有增加。硼酸对腐蚀产物释放率无明显影响。但表面处理方法的选择对腐蚀产物释放率的影响却很明显,并依下列次序递增:酸洗、光亮氢退火、磨光和喷砂。

镍基合金在高温蒸汽中的腐蚀速率小于不锈钢。

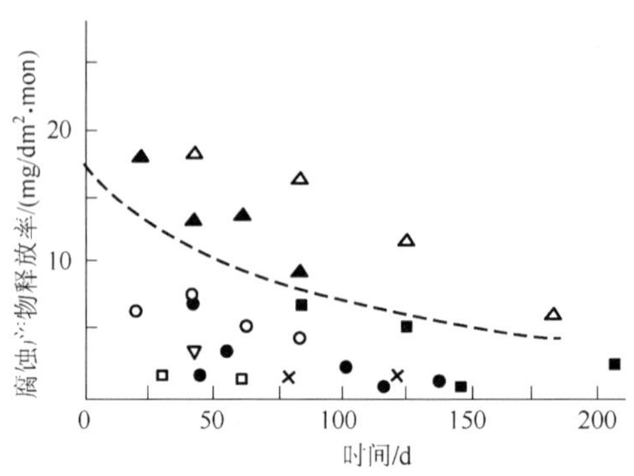

图 3-2-5　因科镍-600 的腐蚀产物释放率

表 3-2-5　图 3-2-5 中各种数据的测试条件

图中符号	温度/℃	水　质	表面处理
△	316	B 1 550 mg/L，Li　0.7mg/L，　H_2 25 ml/kgH_2O，　O_2 < 0.1 mg/L	Ai_2O_3喷砂
▲	288	NH_4 1.4～3.0 mg/L，$H_2$40～65 ml/kgH_2O，　O_2 < 0.04 mg/L	磨光
□	316	B 1 500 mg/L，K　3.9 mg/L，H_2　22 ml/kgH_2O，　O_2 < 0.05 mg/L	酸洗
■	316	B 1 500 mg/L，Li　0.7mg/L，H_2　25 ml/kgH_2O，O_2 < 0.1 mg/L	酸洗
○	288	LiOH　5～6 mg / L，H_2　20～140 ml/kgH_2O，O_2 < 0.1 mg/L	磨光
▽	288	LiOH　5～6 mg / L，H_2　20～140 ml/kgH_2O，O_2 < 0.003 mg/L	磨光、退火
●	260	NH_3 10mg / L，H_2>10 ml / kgH_2O，　O_2 < 0.003 mg/L	酸洗
×	260	LiOH　3 mg / L，H_2>10 ml / kgH_2O，　O_2 < 0.01mg/L	酸洗

(2) 镍基合金的晶间腐蚀和破坏

因科镍-600 或因科洛依-800 对氯离子应力腐蚀不甚敏感，但水中溶解氧、苛性碱乃至温度都对镍基合金的晶间应力腐蚀有显著影响。苛性碱引起的因科镍-600 的晶间应力腐蚀与氧的存在与否关系不大。经低温热处理或处于蒸汽发生器运行条件下的因科镍-600 对碱性腐蚀比较敏感；而高温热处理(例如消除应力处理)可以形成粗糙晶粒边界沉淀，有利于抗苛性应力腐蚀；当因科镍合金与软钢接触时，电化学作用会加快裂纹的发展。在反应堆实际运行中，由二回路侧引起的蒸汽发生器因科镍传热管的苛性腐蚀破裂事故是常见的。

3.3　二回路结构材料的腐蚀及蒸汽发生器的保养

3.3.1　二回路结构材料的腐蚀及影响因素

压水堆核电厂可分为核岛和常规岛两大部分。常规岛又包括生产电能的二回路系统和二回路循环冷却水(即海水)系统两部分。就二回路系统来说，是由主蒸汽系统、汽机旁路系统、汽水分离再热系统、凝结水抽取系统及给水除氧器系统等二十几个系统组成，再加上二回路循环冷却水系统的设备，所涉及的材料有多种。

蒸汽发生器的传热管是镍基合金材料，其性能特点前面已介绍过了，不再重复。蒸汽发生器壳体是低合金钢制造，核电厂各自选用不同的（因科镍或不锈钢）覆面材料；而蒸汽非再生热交换器、再生热交换器和除气水箱壳体是碳钢材料；除盐装置外壳和排污系统阀门、管道都用不锈钢材料；循环冷却水系统管道、隔离阀和调节阀以及凝汽器壳体是采用碳钢制造。而与海水接触的部分却用铝青铜材料，目的是防止海水的腐蚀，当然凝汽器管材也有用钛合金管的。对于这样一个复杂的体系，水质控制和监督是相当重要的。

pH 值

不同的材料对 pH 值有不同的要求，为保护不锈钢和碳钢材料表面形成保护膜阻止蒸发器等设备的腐蚀，要维持高 pH 值，但系统含有铜合金部件在升温之前，则 pH 值要降低到一个合适的范围。

溶解氧

用控制水中溶解氧和 pH 值的办法，使形成的腐蚀产物和转移量达到最小值。在温度高于 100℃的水中，如无其他促使材料腐蚀的物质存在，水中溶解的氧可在碳钢表面上形成不透水的可自身修复的四氧化三铁保护膜。如水溶液中含有镍、钴、钒类的氯化物，则形成没有保护膜性能的四氧化三铁，对这类杂质不加以限制将导致蒸汽发生器因凹陷腐蚀而破裂。有研究表明，二价铜的氯化物或氧化物均为此种腐蚀类型的加速剂，在有氧存在的中性氯化物水溶液中也可形成非保护膜的四氧化三铁。监测水中总铁量可以定量地判断腐蚀产物的转移和蒸汽发生器内淤渣的积累以及给水系统的腐蚀情况，所以对给水中的铁含量也作了规定。在有条件的电厂应该定期地作阳离子杂质全分析。

联氨

联氨可抑制铁类金属的均匀和局部腐蚀，在蒸汽发生器水中联氨浓度应维持在一定水平上，pH 值为 9.8 的联氨溶液可增强金属表面上的保护膜。

氯离子

蒸汽发生器运行工况条件下氯离子是钢铁材料的腐蚀性杂质，镍基合金虽然抗氯离子应力腐蚀能力强，但隙缝处的氯离子浓缩浓度＞4 000 mg/L 时，形成酸性环境是非保护性四氧化三铁增长的主要因素。如水溶液中存在着可还原性物质像氧、二价铜和二价镍能促使在隙缝处形成酸性环境，对材料是不利的。

硫酸盐（SO_4^{2-}）

硫酸盐（SO_4^{2-}）可促使因科镍 600 合金发生晶间腐蚀和点腐蚀，并加速钢铁材料的腐蚀；硫酸盐在传热条件下可以隐藏起来，运行温度下溶解度不大，所以对它限定得较低。

硅

硅可在透平（汽轮机）内沉积，亦可形成硅酸盐沉积于蒸汽发生器内，所以对硅酸根也有规定，根据经验在规定量级的硅不会对材料构成腐蚀。

3.3.2 蒸汽发生器的保养

3.3.2.1 运行期间的保养

蒸汽发生器乃至二回路系统是核电厂极重要的部分。蒸汽发生器的传热管常因局部腐蚀而变薄，如果因破裂出现渗漏，带放射性的冷却水将污染二次侧的炉水；应力和游离碱往往是蒸汽发生器换热管破损的原因,问题主要也出在二回路侧。通常,炉水的 pH 值应维持在弱碱性范围内(各电厂给出的数据略有差别),为此需要按各个电厂规定的添加磷酸盐(称为磷酸盐法)或氨碱性之类的挥发性物质(称为全挥发法或挥发性处理)。在全挥发法处理中,加入氢氧化铵调 pH 值;加入联氨除氧,溶于水后仍是氨碱性的作用。然而,这两种方法在应用中,都曾出现过一些问题,比如奥布里希海姆和贝茨瑙核电厂采用挥发性处理时,发现蒸汽发生器管子的应力腐蚀裂纹,贝茨瑙核电厂将挥发性处理改为磷酸盐处理的短期内,发生了严重的蒸汽发生器管子晶间穿透现象,后来还发现了较严重的均匀腐蚀(管壁变薄)和点腐蚀,所有这些穿透部位均起始于二回路侧,而且大多由应力加速的晶间腐蚀所致。所破损的管子剖面的显微照片表明,在两种不同的水处理情况下,裂纹的裂状却很相似。早年有人曾调查了 37 个反应堆中蒸汽发生器的运行情况,其中 17 个堆采用挥发性处理,其他 20 个堆用磷酸钠处理。调查后认为,挥发性处理较磷酸钠处理要好,一些主要的压水堆蒸汽发生器制造厂也倾向于采用挥发性处理。目前,压水堆核电厂多采用全挥发法处理炉水。二回路系统中的凝汽器如有泄漏,使循环冷却水进入二回路也是极其不利的,同样要给予足够的重视。有关蒸汽发生器乃至二回路系统结构材料参看表 3-2-1,并在本书 4.2.1 节中讨论。

3.3.2.2 停运期间的保养

(1) 湿保养

向蒸汽发生器充注经化学处理的除氧水,严格控制溶解氧(O_2)含量,使之小于 0.1 mg /L,以防止局部腐蚀,并将系统置于氮气(N_2)的保护下。

湿保养是当蒸汽发生器温度约为 120 ℃,蒸汽压力约为 2 MPa 时进行。因为在较高温度下,由于热分解,联氨的浓度可能不够,难以除去给水中的溶解氧;在较低的温度下,热对流不足以保证化学试剂在水中作均匀分布。这就需要适时地添加联氨并调节 pH 值。

(2) 干保养

将蒸汽发生器在氮气的保护下疏水。干保养通常在主蒸汽系统温度约为 120 ℃时进行。氮气的压力保持在 0.12 ~0.13 MPa。在冷停堆状态(60 ℃)下,也能进行干保养,先将蒸汽发生器的空气抽尽,然后使设备处于氮气的保护下,如果正值蒸汽发生器要维修,则不必置于氮气的保护下。排水后,用热的干燥空气将蒸汽发生器吹干,然后隔离。

3.4 活化的腐蚀产物的迁移与沉积

压水堆结构材料具有良好的耐腐蚀性能,但由于冷却剂对材料的浸润表面非常大,即使腐蚀速率很小,腐蚀产物的总量仍然相当可观。腐蚀作用虽然发生在材料表面,但表面腐蚀产物并非静止不动。由于基体金属腐蚀产物大部分构成表面氧化膜,少量溶解或悬浮在水中,当在冷却剂中的浓度尚未达到平衡溶解度时,它将不断溶解并随冷却剂流到各处;一旦温度或溶液的 pH 值发生变化,使冷却剂中的腐蚀产物浓度超过平衡值,它就会很快转变成悬浮粒子,或沉积在金属表面,或继续随冷却剂运动。而沉积的腐蚀产物又可溶解或剥落下来,重新进入冷却剂。

上述这种连续的溶解一沉积过程使堆芯和回路的腐蚀产物相互传输混匀,进入冷却剂的腐蚀产物,除少量溶解外,大部分则悬浮在水中,它们极易沉积在设备和管道表面,特别是死角、缝隙和低流速处。这些腐蚀产物主要是结构材料成分铁、镍、锰等。碱度和温度对溶解度有影响，当反应堆降温及换料时，冷却剂中腐蚀产物浓度大为增加，此时应抓住机会加强净化，可以取得好的效果，否则长期累积将降低传热效率、增加堆芯流阻，甚至可能导致流道局部阻塞，引起严重事故。腐蚀产物经过堆芯，或在堆芯沉积还可被中子活化，活化的腐蚀产物是反应堆系统维护和检修的主要辐射威胁，对此要给予足够的重视，尽可能地减少腐蚀产物的生成与活化，以降低一回路系统的放射性水平，在可能的条件下尽量减小检修人员所受剂量，即保证系统的安全运行又保障了工作人员的人身安全。

复习思考题

1. 何谓腐蚀、化学腐蚀、电化学腐蚀、点腐蚀、晶间腐蚀、应力腐蚀断裂、氢腐蚀(氢脆)、腐蚀疲劳？解释钝化、极化、超电压。

2. 金属腐蚀速度的表示法，写出表示单位并说明。

3. 金属保护常见的方法有哪几种？并说明。

4. 试述一回路结构材料选材的特点？压水堆一回路结构材料中锆合金、不锈钢、镍基合金的腐蚀类型及影响因素？

5. 对蒸汽发生器如何进行保养？活化的腐蚀产物长期积累会带来什么危害？

第四章 一、二回路的水化学

4.1 一回路的水化学

4.1.1 冷却剂的辐射化学

4.1.1.1 冷却剂的选择

在压水堆冷却剂的选择与评价方面、通常要作如下考虑：

(1) 冷却能力强，为了降低燃料和包壳的最高温度，要求冷却剂的传热系数要大。传热系数越大，燃料表面温度就能控制得越低。

(2) 在较低的压力下能获得高温。

(3) 易于排除停堆以后的余热。

(4) 化学稳定性好，在高温下不易变质。

(5) 辐照稳定性好。

(6) 核性能好。

(7) 价格便宜，保证供应量，操作方便。

4.1.1.2 射线与物质的相互作用

(1) 射线的种类和性质

一般放射性物质能够放出α、β和γ射线。α射线是氦的原子核，β射线是高速运动的电子，γ射线是波长极短的电磁波。这些射线对物质的作用主要是电离效应。能量相等的不同种类的射线，其电离能力并不相同，以α射线为最大，β射线次之，γ射线最小，三者之间的比值为$10^4:10^2:1$；它们在物质中的穿透能力则与此相反，γ射线最大，β射线次之，α射线最小。此外，在压水反应堆冷却剂中还存在着其他粒子，如中子、质子、裂变碎片核、氚核等。这些粒子的基本核特性见表4-1-1 。

表 4-1-1 各种粒子的核特性

射线种类型	电荷数	静止质量/原子单位
α射线	+2	4.002 675
β射线	−1	0.000 549
γ射线	0	
质子(p)	+1	1.007 271
中子(n)	0	1.008 665
氘(d)	+1	2.014 102
氚(T)	+1	3.016 050
裂变碎片(轻)	约+20	约 95
(重)	约+22	约 139

各种射线或粒子，程度不同地同冷却剂发生作用。就辐射化学效应而言，重要的是γ和β射线与冷却剂的作用。

(2) γ射线与物质的相互作用

γ射线是波长极短的电磁波，又称光子，其波长范围在0.2 nm(或200 pm)以下，电磁波的波长、频率和能量有如下关系：

$$E\lambda = 12\ 400 \tag{4-1-1}$$

$$E = h\nu \tag{4-1-2}$$

式中，E——电磁波能量，电子伏(eV)；

λ——电磁波波长，纳米(nm)或皮(可)(pm)；

h——普朗克常数，焦耳·秒$^{-1}$(6.626×10^{-34} J·s^{-1})；

ν——电磁波频率，秒$^{-1}$(s^{-1})。

$\lambda=\frac{c}{v}$，c为光速。一定波长的光子所构成的射线强度由光子数量决定。若强度为I的γ射线射入厚度为$\mathrm{d}x$的吸收体，其强度变化$\frac{\mathrm{d}I}{\mathrm{d}x}$与其自身强度成正比，即式中比例常数

$$\frac{\mathrm{d}I}{\mathrm{d}x} = -\mu I \tag{4-1-3}$$

称为线性吸收系数。将上式积分得：

$$I = I_0 e^{-\mu x} \tag{4-1-4}$$

式中，I——穿过厚度x的吸收体后γ射线的强度；

I_0——入射γ射线强度。

由上式可见，在吸收物质中射线强度呈现指数函数递减。

物质对γ射线的吸收作用是由光电效应、康普顿散射和产生电子偶三种效应引起的。

① 光电效应

入射γ光子与原子中的束缚电子发生作用后，电子吸收了γ射线的能量而电离，同时放出X射线。

② 康普顿散射

只有当入射光子的能量比电子的束缚能大得多时才能发生这种效应。对于高能γ光子，核内层电子也可以看做是自由电子，γ光子击射到这样的电子上，发生类似于弹性体碰撞的效应。这时，γ光子将一部分能量传递给电子，使其获得速度，失去了部分能量的入射光子则改变了方向使自己的波长变长。

③ 产生电子偶

高能γ光子在核力作用下转换成一对正、负电子的过程叫做产生电子偶。这种转化仅在入射光子的能量大于电子对的静止质量时才有可能发生，多余的能量转化为电子的动能。产生电子偶的原子吸收截面与原子序数及入射γ光子能量有关。

正电子的寿命极短，很快和物质中的负电子相互作用，重新转化成γ光子，这个过程叫做正电子的淹没。

(3) 电子与物质的相互作用

电子与物质的相互作用，主要表现在电离和激发两个方面。高速电子在穿过物质时，一方面将原子内轨道电子击出，造成原子的电离；另一方面，通过非弹性碰撞使低能态轨道电

子跃迁到高能态，造成原子的激发。电子的电离和激发作用主要发生在外层轨道电子（价电子），但也有少数发生在内层电子。内层电子的跃迁引起 X 射线，并造成价电子的能态变化和电离。

除上述之外，高速电子还可能与核电场作用，发生库仑散射和轫致辐射。

（4）重核电粒子与物质的相互作用

α 粒子、质子、氘核、氚核和裂变产物等质量比电子大得多的粒子叫做重荷电粒子。它们在通过物质时，主要与原子轨道电子作用，造成原子的电离，并逐渐失去自己的能量。由于它们的质量比电子大得多，在将电子击出轨道后，本身几乎不改变运动方向，电离径迹差不多是直线。所以重荷电粒子的穿透能力比起同样能量的电子要小得多。

（5）中子与物质的作用

中子不带电荷，不会直接造成物质的电离。但是，中子的电中性可使它不受原子核库仑场的作用，而能达到核力作用场内同原子核发生各种作用。当中子$^1_0$n 同^A_ZX 核相互作用时，生成一个复合核$^{A+1}_{\ Z}$Y。

$$^A_ZX + ^1_0n \longrightarrow ^{A+1}_{\ Z}Y \tag{4-1-5}$$

$^{A+1}_{\ Z}$Y 处于激发状态，很快转化成稳定核，并在此过程中放出一个或数个粒子，一般用(n，X)来表示全过程。复合核的变化可分成三类：

1）核分裂(n,f)

复合核在此过程中分裂成两个（有时三个）裂片元素，同时放出几个中子，这就是 ^{235}U，^{239}Pu，^{233}U 等重要原子核的裂变。

① 核裂变

这是一种独特的核反应，又是一个极端复杂的过程，就拿^{235}U 来说，裂变产物中约有 400 多种不同的核素已被鉴定出来了。在慢中子的轰击下，^{235}U 原子核俘获一个中子后立即发生分裂，生成两个原子序数和质量数都不同的碎片——新核（有时分裂成三块、四块或五块碎片），同时产生 2～3 个新的中子，并释放出很大的能量（约 200 MeV），常称作二元裂变、三元裂变，还有四元或五元裂变。例如：

$$^{235}_{92}U + ^1_0n \longrightarrow ^{A1}_{Z1}X + ^{A2}_{Z2}Y + i^1_0n + 200\ \text{MeV} \tag{4-1-6}$$

式中，X、Y——裂变产生的新核，原子序数和质量数都不同；

A_1、A_2——裂变碎片的质量数；

Z_1、Z_2——裂变碎片的原子序数；

n——裂变产生的中子；

i——裂变产生的中子个数（取整数）。

② 诱发裂变

重原子核在入射中子轰击下，可以形成激发复合核，然后分裂成两个碎片，这种诱发裂变，可以看做是核反应的一个通道，其中有一部分激发核，可以发射 γ 射线而退激。例如 $^{235}_{92}$U的裂变反应：

$$^{235}_{92}U + ^1_0n \longrightarrow [^{236}_{92}U]^* \longrightarrow X + Y + i^1_0n \tag{4-1-7}$$

式中，X、Y——两质量相差不多的碎片，称为裂片；

n——裂变产生的中子；

i——裂变产生的中子个数（取整数）。

可以写出很多组合

$$^{236}_{92}U \longrightarrow ^{140}_{54}Xe + ^{94}_{38}Sr + 2^{1}_{0}n \quad (4\text{-}1\text{-}8)$$

$$^{236}_{92}U \longrightarrow ^{144}_{56}Ba + ^{89}_{36}Kr + 3^{1}_{0}n \quad (4\text{-}1\text{-}9)$$

$$^{236}_{92}U \longrightarrow ^{137}_{52}Te + ^{96}_{40}Zr + 3^{1}_{0}n \quad (4\text{-}1\text{-}10)$$

$$^{236}_{92}U \longrightarrow ^{133}_{51}Sb + ^{99}_{41}Nb + 4^{1}_{0}n \quad (4\text{-}1\text{-}11)$$

核转变反应的例子：

$$^{16}_{8}O + ^{1}_{0}n \longrightarrow [^{17}_{8}O]^{*} \longrightarrow ^{16}_{7}N + ^{1}_{1}H(P) \quad (4\text{-}1\text{-}12)$$

$$^{14}_{7}N + ^{4}_{2}He \longrightarrow [^{18}_{9}F]^{*} \longrightarrow ^{17}_{8}O + ^{1}_{1}H(P) \quad (4\text{-}1\text{-}13)$$

上述的两个复合核，氧-17 和氟-18 放在方括号中，用来表示它们短暂（寿命约 10^{-14}～10^{-19} s）的存在这一性质，右上角的 * 号表示它处于激发态。诱发核反应通常用缩写方式，首先写靶核，然后写入射粒子（穿过靶核的时间约 10^{-22} s）和较小的产物。如：$^{14}N(\alpha,p)^{17}O$，此反应称为（α，p）型；$^{16}O(n,p)^{16}N$，此反应称为（n，p）型。

2）中子散射

① 弹性散射（n，n）

物体发生弹性碰撞的结果，使相互碰撞的物体改变原来的运动方向，朝四面八方飞散出去，复合核放出比入射中子能量小的中子，本身仍处于稳定态，入射中子的一部分能量转化为核的动能。这种现象叫做弹性散射。

② 非弹性散射（n，γn）或（n，n′）

非弹性散射与弹性散射不同，复合核放出中子后仍处于激发态，随后向稳定态过渡（$^{79}_{35}Br^{m}$ 的 $T_{1/2}$ 为 4.86 s）并放出 γ（主要部分）射线。例如：

$$^{79}_{35}Br + ^{1}_{0}n \longrightarrow ^{79}_{35}Br^{m} + \gamma + ^{1}_{0}n \quad (4\text{-}1\text{-}14)$$

3）核反应

① 中子俘获反应，如（n，γ）反应：

$$^{23}_{11}Na + ^{1}_{0}n \longrightarrow ^{24}_{11}Na + \gamma \quad (4\text{-}1\text{-}15)$$

$$^{59}_{27}Co + ^{1}_{0}n \longrightarrow ^{60}_{27}Co^{m} \xrightarrow{\gamma} ^{60}_{27}Co \quad (4\text{-}1\text{-}16)$$

② 放出荷电粒子的反应，如（n，p）反应，（n，d）反应，（n，T）反应等。这些反应在反应堆水化学中具有相当重要的意义。它们将造成新的核素并引起感生放射性，如 $^{16}O(n,p)$ 反应生成 ^{16}N（见式 3-1-11），具有很强的 γ 辐射（γ 能量达到 7.11 MeV），使冷却剂中的比放射性强度达 3.7 MBq/cm^3，造成 25.8～258 μC/kg·h 的剂量率。再如：

$$^{10}_{5}B + ^{1}_{0}n \longrightarrow ^{9}_{4}Be + ^{2}_{1}H(D) \quad (4\text{-}1\text{-}17)$$

$$^{10}_{5}B + ^{1}_{0}n \longrightarrow ^{8}_{4}Be + ^{3}_{1}H(T) \quad (4\text{-}1\text{-}18)$$

$$^{9}_{4}B + ^{1}_{0}n \longrightarrow ^{6}_{3}Li + 2^{1}_{0}n + ^{2}_{1}H(D) \quad (4\text{-}1\text{-}19)$$

水冷堆可能发生的部分核反应见表 2-3-3。

中子反应速率 $\frac{dN}{dt}$，正比于单位体积中靶核的数目 N 和中子注量率 ϕ 的乘积：

$$\frac{dN}{dt} = \sigma_n N\phi \quad (4\text{-}1\text{-}20)$$

式中，σ_n——中子吸收截面，因其值非常小，为方便起见将 $\sigma_n = 10^{-24}\ cm^2$ 为 1 靶。

中子吸收截面除取决于原子的核特性外，还和中子的能量有很大关系，一般随中子能量的增加而减少。但是许多物质对一定能量的中子有特别高的吸收截面，这种现象叫做共振吸收。图 4-1-1 给出了硼中子吸收截面随中子能量变化曲线。

4.1.1.3 冷却剂——水的辐照分解

（1）水的辐照分解过程

电离辐射引起的水或水溶液的变化过程，从射线轰击水分子开始到建立某种辐射产物的化学平衡为止，可分为三个阶段：

1）辐射能量传递阶段

它是射线和水作用的开端，作用时间约为 10^{-15} s 或更短。辐射能量直接或间接地引起水分子的电离或激发，产生电子、带正电荷的水离子（H_2O^+）和处于激发状态的水分子（H_2O^*）：

$$H_2O \longrightarrow e + H_2O^+ \qquad H_2O \longrightarrow H_2O^* \qquad (4\text{-}1\text{-}21)$$

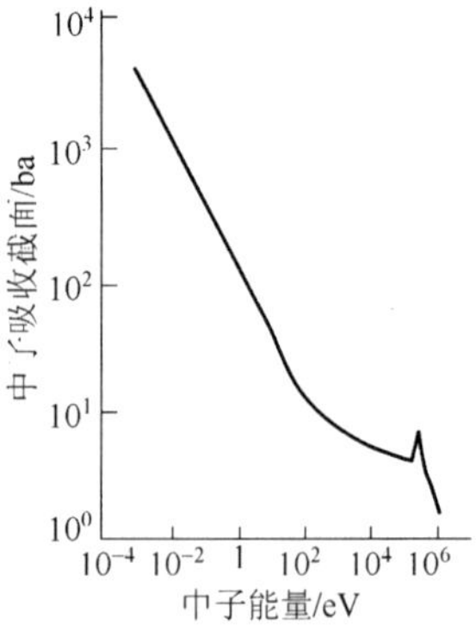

图 4-1-1 硼的中子吸收截面

2）建立热平衡阶段

作用时间约为 10^{-11} s 或更短。主要包括以下几个过程：

① 电离电子速度减慢，并成为“热”电子。电子的电场吸引极性水分子在其四周重新排列。它又叫水合电子，见图 4-1-2，这过程可表示为：

$$e^- \longrightarrow e^-_{热} \longrightarrow e^-_{水合} \qquad (4\text{-}1\text{-}22)$$

② 带正电的水离子和相邻水分子发生质子转移反应，生成 H_3O^+ 和 OH 自由基，即：

$$H_2O^+ + H_2O \longrightarrow H_3O^+ + OH \qquad (4\text{-}1\text{-}23)$$

生成的 H_3O^+ 也随即发生水合作用。水合 H_3O^+ 和水合电子的分布范围不一样。前者在辐射电离径迹近旁，而后者要远些，因为电子具有更大的迁移性。

③ 辐射形成的激发态水分子分解成氢原子和 OH 自由基：

$$H_2O^* \longrightarrow H + OH \qquad (4\text{-}1\text{-}24)$$

图 4-1-2 水合电子

3）自由基的扩散、相互作用及建立化学平衡阶段。在辐射电离径迹范围内，生成了大量的初级辐解产物 $e^-_{水合}$、H_2O^+、H_2O^*、H_3O^+、H、OH 等，它们之间相互作用生成次级辐解产物。同时，所有这些辐解产物会逐渐向水体扩散。在扩散过程中相互反应，并渐渐达到平衡。表 4-1-2 列出了主要自由基反应及其反应速率常数。

为了衡量水辐照分解的程度，引进辐解产物产额的概念，其定义为水每吸收 100 eV 的辐射能，产生（冠以“+”号）或消失（冠以“−”号）的辐解产物数目，常用 G 表示。如 $G_{-H_2O}=4.1$，表示水每吸收 100 eV 辐射能量，会有 4.1 个分子分解，$G_{H_2}=0.41$，表示 100 eV 的辐射能量被水吸收后，将有 0.41 个氢分子产生。

综上所述，可以把水的辐解写成下列综合式：

$H_2O \rightarrow H_3O^+$、OH、$e^-_{水合}$、H_2、H、H_2O_2……而用 $G_{H_3O^+}$、G_{OH}、$G_{e^-_{水合}}$、G_{H_2}、G_H、$G_{H_2O_2}$……表示这些辐解产物的产额。水的辐照分解以及辐解产物产额受 LET（Linear Energy Transfer）值、剂量率、辐照时间、温度、pH 值和溶液成分等因素的影响。由表 4-1-3 可见，温

度升高将加快初始辐照产物向水体的扩散，从而减少了生成分子产物的机会，压力对辐射分解影响是微弱的，可以忽略。

表 4-1-2　水中主要自由基反应

反　应	反应速率常数	pH
$e^-_{水合}+e^-_{水合}\xrightarrow{2H_2O}H_2+2OH^-$	5.5×10^9	10～13
$e^-_{水合}+H\xrightarrow{H_2O}H_2+OH^-$	2.5×10^{10}	10.5
$e^-_{水合}+OH\longrightarrow OH^-$	3.0×10^{10}	11
$e^-_{水合}+H_3O^+\longrightarrow H+H_2O$	2.06×10^{10}	2.1～4.3
$e^-_{水合}+H_2O\longrightarrow H+OH^-$	3.5×10^9	13
$H+H\longrightarrow H_2$	1.0×10^{10}	2.1
$H+OH\longrightarrow H_2O$	3.2×10^{10}	0.4～3
$OH+OH\longrightarrow H_2O_2$	6×10^9	0.4～3
$H+H_2O_2\longrightarrow H_2O+OH$	1.6×10^8	0.4～3
$OH+H_2O_2\longrightarrow HO_2+H_2O$	4.5×10^7	7
$OH+H_2\longrightarrow H+H_2O$	6×10^7	7
$H_3O^++OH^-\longrightarrow 2H_2O$	1.43×10^{10}	

表 4-1-3　温度对辐解产物的影响

辐解产物	*G* 值			温度系数/%·℃$^{-1}$
	2℃	25℃	65℃	
$H+e^-_{水合}$	3.59	3.67	3.82	+0.10±0.03
OH	2.80	2.91	3.13	+0.18±0.04
H_2	0.38	0.37	0.36	−0.06±0.03
H_2O_2	0.78	0.75	0.70	−0.15±0.03
$-H_2O$	4.35	4.41	4.54	+0.07±0.03

(2) 水的主要辐解产物

按照化学性质将水的辐解产物分成两大类：还原性产物和氧化性产物。前者包括水合电子 $e^-_{水合}$，氢原子 H，氢分子 H_2，后者包括氢氧自由基 OH，二氧化氢 HO_2，过氧化氢 H_2O_2，以及氧分子 O_2。根据辐解产物的化学形态，又可分为自由基产物和分子产物。分子产物主要有 H_2，H_2O_2 和 O_2，它们由初级产物相互作用而成，具有比较稳定的形态，可在溶液中积聚到易于测量的水平。在实际工作中用易于测量的分子产物的产额和积聚量来判断水的辐射分解程度或速度。

(3) 冷却剂辐照分解和复合反应

水的辐解过程归结为两大类，一类是水的辐照分解过程，另一类是分解反应的逆过程——复合反应。前者用以下两个反应式表示：

$$2H_2O \longrightarrow H_2 + H_2O_2 \tag{4-1-25}$$

$$H_2O^* \longrightarrow H + OH \tag{4-1-26}$$

后者用下列链式反应表示：

$$H_2 + OH \longrightarrow H_2O + H \tag{4-1-27}$$

$$H_2O_2 + H \longrightarrow H_2O + OH \tag{4-1-28}$$

反应生成的 H、OH 又再度和 H_2O_2、H_2 反应，如此循环往复，使水的分解产物重新复合成水。

(4) 硼酸水溶液在反应堆条件下的辐照分解

在压水反应堆中，向冷却剂中加入硼酸作为可溶性中子吸收剂。由 $^{10}B(n,\alpha)^7Li$ 反应生成的反冲氦核（α 粒子）和 ^7Li 核具有很大的 LET 值，使反应 $2H_2O \longrightarrow H_2 + H_2O_2$ 的份额增加（见表 4-1-4）。

表 4-1-4 电离辐射类型对水分解方式的影响

辐射类型	反应份额/%	
	$H_2O \longrightarrow H+OH$	$2H_2O \longrightarrow H_2+H_2O_2$
$^{60}Co(\gamma)$	80	20
$^{10}B(n,\alpha)^7Li$(0.02 mol/L H_3BO_3)	4	96
$^{10}B(n,\alpha)^7Li$(0.05 mol/L H_3BO_3)	6	94
$^3H(\beta)$	70	30

假设 γ 射线的吸收不随硼酸浓度变化，引进硼后，辐解产物的增加归因于硼的中子反应则可以得到表 4-1-5 的结果。^{10}B 的 (n,α) 反应引起水辐解产额（特别是分子产物）明显增加，这可从射线的 LET 值对辐射的影响，从表 4-1-5 得到解释。表 4-1-6 和图 4-1-3 给出一系列实验结果。这些图表说明，当硼酸浓度低于 0.02 mol/L 时，^{10}B 中子反应引起水的辐照分解的增加并不显著。当硼酸浓度超过此值后，开始观察到 ^{10}B 中子反应引起的辐解氢产生，硼酸浓度越高产生愈快。

表 4-1-5 硼酸水溶液的自由基和分子辐解产物生成率(mmol/min)

反 应	辐射类型	硼酸浓度/(mol/L)		
		0.00	0.02	0.05
$H_2O^* \longrightarrow H+OH$	γ	0.054	0.054	0.054
$H_2O \longrightarrow 1/2H_2+1/2H_2O_2$	γ	0.007	0.007	0.007
$H_2O^* \longrightarrow H+OH$	$^{10}B(n,\alpha)^7Li$	0.000	0.003	0.012
$H_2O \longrightarrow 1/2H_2+1/2H_2O_2$	$^{10}B(n,\alpha)^7Li$	0.000	0.038	0.099

表 4-1-6 ^{10}B 中子反应引起的辐解产物生成率

硼酸浓度/(mol/L)	生成率/(μmol/L·min)			
	总气体	H_2O_2	H_2	O_2
0.000	0	—	0	0
0.010	0	—	0	0
0.020	0	0	0	0
0.031	23±1	18±1	21±2	2±2
0.050	57±2	—	53±2	5±2
0.073	101±4	77±3	93±5	8±5
0.100	160±2	—	147±2	11±1

4.1.1.4 加氢抑制水的辐照分解

将水的辐照分解和复合反应的化学方程式及反应率常数列于表 4-1-7。

表 4-1-7 氢气生成率计算公式中各符号的物理意义

反 应	反应率常数
$H_2O^* \rightleftharpoons H+OH$	γ_d
$H_2O \rightleftharpoons 1/2H_2+1/2H_2O_2$	γ_R
$H_2O \rightleftharpoons H+OH$	B_d
$H_2O \rightleftharpoons 1/2H_2+1/2H_2O_2$	B_R
$OH+H_2 \rightleftharpoons H_2O+H$	K_C
$H+H_2O_2 \rightleftharpoons H_2O+OH$	K_D
$OH+H_2O_2 \rightleftharpoons H_2O+HO_2$	K_E
$H+HO_2 \rightleftharpoons H_2O_2$	K_f

用 γ 和 B 分别表示 γ 射线以及硼的中子反应产物(α,^{7}Li)所引起的分解反应的反应率常数，注脚 d 表示以下式分解，

$$H_2O^* \longrightarrow H + OH \tag{4-1-29}$$

注脚 R 表示以下式分解：

$$2H_2O \longrightarrow H_2 + H_2O_2 \tag{4-1-30}$$

K_C,K_D,K_E和 K_f分别表示辐解产物复合反应的反应率常数。可以得到如下式所示氢气生成率的计算公式：

$$\frac{d[H_2]}{dt} = \frac{r_R + B_R}{2} - \frac{K_C(r_d - B_d)[H_2]}{K_E[H_2O_2]} \tag{4-1-31}$$

式中右面第一项为氢的生成率(水的完全分解率)，第二项为氢的消失率(水的复合率)。由该式可见，在一定条件下水的辐照分解率是恒定的，而水的复合率则随溶液中 H_2浓度的提高而增加，随 H_2O_2浓度的提高而减少，亦即当溶液中 H_2浓度增加时，辐解氢的产生率将减少，而当溶液中的 H_2O_2浓度增加时则相反。一般情况下由辐解产生的 H_2和 H_2O_2的浓度大致相等，所以如图 4-1-3 所示的那样。

式(4-1-31)中$\frac{d[H_2]}{dt}$是一个常数,但是,如果溶液中加有氢,则辐解氢的产生率将会减少,也就是说,水的辐照分解将受到抑制;相反,如果向溶液中加入 H_2O_2,则水的分解将加剧,当向硼酸水溶液中分别引入 H_2 和 H_2O_2,测定 H_2 的产生率,结果如图 4-1-4 和图 4-1-5 所示。

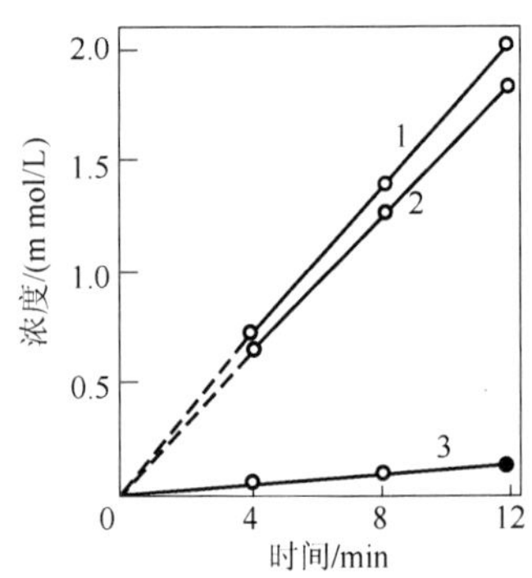

图 4-1-3 硼酸水溶液(0.1 mol/L)中辐解产物积累

1—H_2;2—H_2O_2;3—O_2

从图 4-1-4 可见,随着加入的 H_2 浓度的增高,发生水的辐照分解(亦即辐解氢产生)的阈值越高。当加入的氢其浓度达到 640 μmol/L 时,相当于每升水中含有 14 ml 的 H_2(标准状况),即使硼酸浓度达到 0.14 mol/L,也没有辐解氢产生。

从图 4-1-5 可见,加过氧化氢(H_2O_2),增高了氢的生成率。

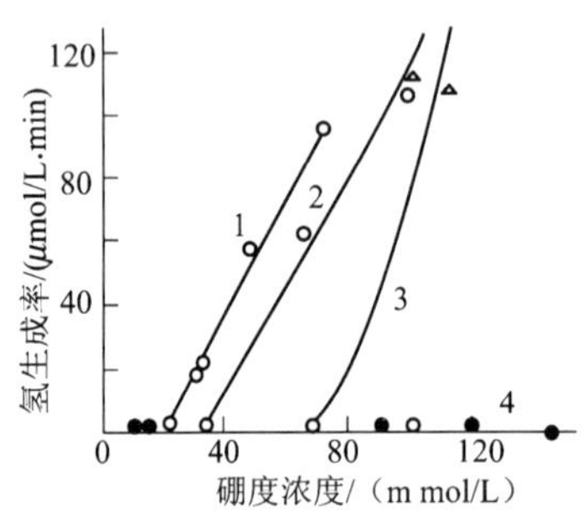

图 4-1-4 加氢对辐解氢生成的影响

1—不加氢;2—8.1 μmol/L 的 H_2;

3—350 μmol/L 的 H_2;4—640 μmol/L 的 H_2

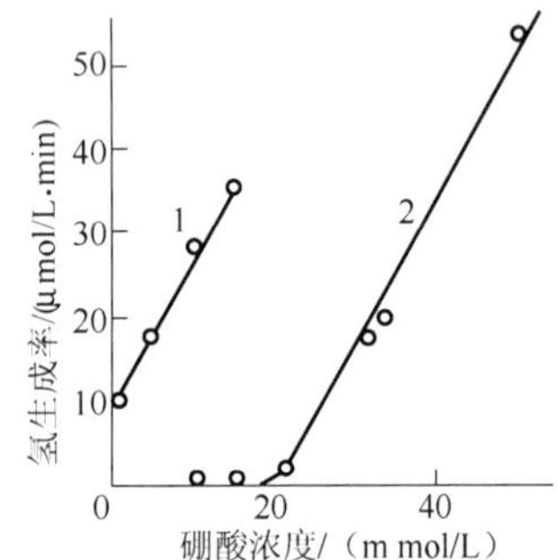

图 4-1-5 加 H_2O_2 对辐解氢生成的影响

1—0.12 m mol/L 的 H_2O_2;

2—H_2O

从图 4-1-6 可见,加氢也会使氧化性辐解产物 H_2O_2 浓度明显降低,有人曾做过实验:在辐照下向含有 H_2O_2 的水中不断鼓入氢气,并测定 H_2O_2 浓度变化十分钟后 H_2O_2 浓度由 650 μmol/L 降到了零。

从图 4-1-7 可见,有人测定了在堆辐照条件下含有不同浓度的氢气和氧气的水中 H_2O_2 的变化,并给出了结果,溶液中$[H_2]/[O_2]$比值越大,H_2O_2所能达到的峰值越低。

加氢的目的是:

① 加氢能有效地抑制水的辐照分解,降低氢的生成率;

② 氢和氧在辐照下合成水,可减少氧的含量;

③ 加氢会使过氧化氢重新转化成水,降低水中氧化性辐解产物浓度。

综上所述,加氢可大大地减少冷却剂对结构材料的腐蚀。

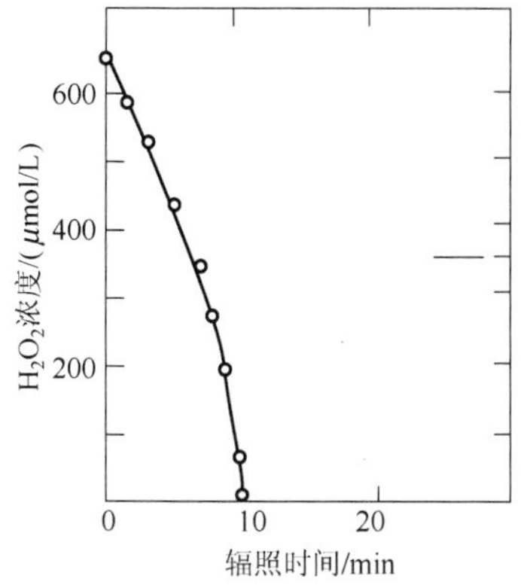

图 4-1-6 加氢对 H_2O_2 浓度的影响（不断鼓入氢气）

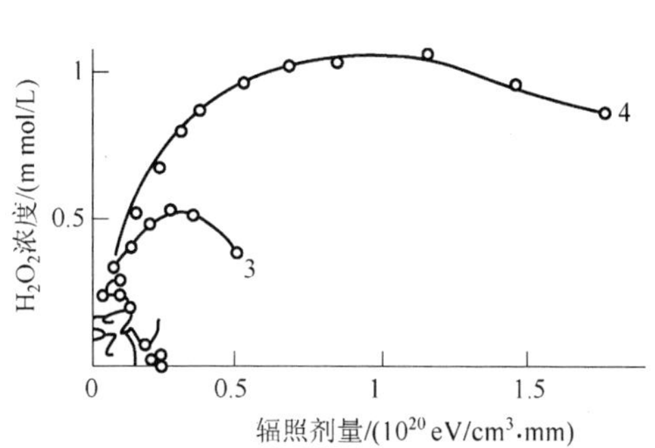

图 4-1-7 不同氢氧含量的水中 H_2O_2 浓度随辐照剂量的变化

1—0.135 mmol/L 的 O_2，0.695 mmol/L 的 H_2；
2—0.178 mmol/L 的 O_2，0.674 mmol/L 的 H_2；
3—0.475 mmol/L 的 O_2，0.448 mmol/L 的 H_2；
4—0.728 mmol/L 的 O_2，0.298 mmol/L 的 H_2

4.1.2 化学补偿控制

4.1.2.1 反应性的控制

为保证反应堆安全可靠地运转，必须拥有一整套反应性控制系统以执行下列任务：

(1) 补偿过剩反应性。动力反应堆要长期输出功率，初始装料量应超过最小临界需要量，即保持一定的过剩反应性，以补偿燃料消耗和裂变产物积累等因素引起的反应性降低。在堆芯初期，过剩反应性相当高，以后随着堆的运行逐渐降低。故初期为避免反应堆超临界而失控，一定要将这部分过剩反应性吸收掉。

(2) 启动或关闭反应堆以及调整反应堆的功率水平。这要求能够随时增加或减少中子注量率，亦即改变反应性。

(3) 维持功率水平。运行时，由于各种原因，反应堆会偏离规定的功率水平，必须通过改变反应性的方法予以调节。

(4) 保证堆的安全。发生事故或出现紧急情况时，应迅速降低反应性，快速停堆。

反应性控制的关键在于控制堆内中子注量率。向堆内有控制地引入强烈吸收中子的物质(中子吸收剂或中子毒物)如铪（Hf）、硼（B）、镉（Cd）、钆（Gd）等，能达到这一目的。具体方法：

① 在堆芯安装固定的含有中子吸收物质的可燃毒物棒；

② 采用能够快速插入或抽出的含有中子吸收物质的控制棒(这种方法简称棒控)；

③ 向冷却剂添加可溶性中子吸收物质，常称为反应性的化学补偿控制(简称化控)。这三种方法相辅相成，各有所长。早期压水堆反应性的控制完全由控制棒和可燃毒物棒来完成；随着压水堆大型化以及堆芯功率密度提高和燃耗加深，可溶性中子吸收剂的使用就势在必行了。

4.1.2.2 可溶性中子吸收剂的应用

（1）可溶性中子吸收剂的定义

即强烈吸收中子，且易溶于冷却剂——水的物质，它与控制棒相配合使用，能够对反应堆的反应性进行控制。水的某些性质给压水堆的物理及反应性控制的设计带来了一系列特点：

（2）水作为冷却剂在可溶性中子吸收剂应用中的特点

① 水的膨胀系数大，堆内温度变化范围宽，造成反应性的负温度系数较大；水吸收中子能力较强，故燃料再生能力小。因此，为长期维持功率输出的需要，压水堆后备反应性特别高，亦即堆芯运行初期要求补偿的反应性很大。

② 水对热中子的吸收截面较大，导致控制棒效用相对削弱，因而所需控制棒数量增加。

③ 水的慢化能力强，传热性能好，因而堆功率密度高，堆芯体积小，给控制棒留有的空间有限。

上述情况使得控制棒的利用受到不少限制，一方面大量使用控制棒使堆芯及压力壳的设计十分复杂，对安全不利；另一方面，控制棒的排列方式和单位体积中子吸收能力不能随燃耗的增加及时变化，来适应堆芯展平中子注量率的要求，设计者只能选择一种折中的控制棒排列方案，因而使燃耗深度受到限制，有碍于电站经济性的进一步提高。

（3）采用可溶性中子吸收剂的优点

① 中子吸收物质溶解在冷却剂中，不需要任何额外的空间就能起到吸收中子的作用，并且能按照需要调节中子吸收物质的浓度。因此，可以省去大量控制棒，简化了堆芯及压力壳设计，既经济又安全。现代大型压水堆 2/3 以上的反应性控制是用可溶性中子吸收剂来实现的。

② 可溶性中子吸收剂在堆芯水容积中均匀分布，大大消除了控制棒局部峰值效应造成的中子注量率的不均匀性，降低了径向功率不均匀系数。带有反应性化学控制的压水堆在运行时，几乎可将控制棒全部提出堆芯，使堆芯功率密度分布均匀且不随燃耗变化。

③ 可溶性中子吸收剂的使用对安全有利。例如，停堆换料时，可以很方便地通过提高冷却剂中子吸收剂浓度的办法防止反应堆重返临界；事故时向堆芯注入高浓度中子吸收剂，是安全棒的一个补充保险手段。尤其是发生失水事故时，用较高浓度的中子吸收剂溶液冷却堆芯更是必不可少的。总之，可溶性中子吸收剂的使用，促进了压水堆的发展，并且成为第三代压水堆的重要标志。

（4）可溶性中子吸收剂的选择

良好的中子吸收剂应具备以下条件：

① 中子吸收截面大；

② 在水中有足够的溶解度；

③ 不引进或少引进其他无关元素；

④ 无感生放射性；

⑤ 物理化学稳定性好；

⑥ 与反应堆材料相容；

⑦ 价廉易得。

表 4-1-8 列出了一些符合上面第一个条件的核素。Cd、Gd、Sm（钐）、Eu（铕）等元素水

合物的溶解度很低，达不到化控要求的浓度，且只有在酸性条件下溶解度才较大，如硝酸钆在 pH 为 2 的高温水中当浓度达到 10 g/L 时，即有沉淀产生，而在非酸性介质中，即使浓度低达 1 g/L，高温下也会出现沉淀。稀土元素的盐类热稳定性差。此外，它们的天然同位素大多能被中子活化产生较强的放射性；这些元素，尤其是稀土元素比较稀有，价格也贵。

表 4-1-8　若干天然元素的中子吸收截面

元　素	中子吸收截面(0.025 eV)/靶
B	755
Cd	2 450
Gd	4 600
Sm	5 600
Eu	4 300

硼酸具备上述七大优点，它是以天然硼组成的水合物（H_3BO_3）的形式存在，易溶于水，见表 4-1-9。天然硼同位素中，^{10}B 中子吸收截面为 3 837 靶，反应生成物为稳定的 ^{7}Li；天然丰度的 ^{11}B，中子吸收截面仅为 5.5×10^{-3} 靶，活化概率很低。且硼酸已在工业上大规模生产，价格也不贵。因此，硼酸就成了得天独厚的可溶性中子吸收剂。

表 4-1-9　硼酸在水中的溶解度

温度 t/℃	溶解度/(g/100 g H_2O)
压力＝1 大气压＝1.01×10^5 Pa	
0	2.70
5	3.14
10	3.51
15	4.17
20	4.65
25	5.43
30	6.34
35	7.19
40	8.17
45	9.32
50	10.32
55	11.54
60	12.97
65	14.42
70	15.75
75	17.41
80	19.06
85	21.01
90	23.27
95	25.22
100	27.53
103.3(沸点)	29.97
饱和压力	
107.8	31.47
117.1	36.69
126.7	42.34
136.3	48.81
143.3	54.79
151.5	62.22
159.4	70.67
171	
(硼酸与水完全互溶)	

(5) 硼酸使用中的问题

1) 硼酸在反应性控制中的弱点及克服方法

化学补偿控制有其弱点，硼酸也不例外。首先，它对反应性的控制是通过向回路注入硼酸或纯水，以增加或减少硼的浓度来实现的。这一过程一般需要几分钟到几十分钟才能完成，因此，对反应性的调节速度较慢。通常所能控制的最大反应性变化速率为 $3\times10^{-5}\Delta\rho$ 每秒左右，故仅适宜于控制较慢的反应性变化，如补偿燃耗和堆启动升温过程中的负反应性变化，补偿裂变产物钐(Sm)和氙（Xe）积累引起的反应性降低等。而控制快速反应性变化，必须用控制棒，或尽可能增加可溶性中子吸收剂控制反应性的份额。现代负荷跟踪压水反应堆核电站周期性负荷变化也靠化控完成。表 4-1-10 为一个典型压水堆化控和棒控反应性分配，其中化控占总控制额的 70%。

表 4-1-10 压水堆反应性控制的分配

反应性控制因素	反应性 ρ/%	
	棒 控	化控(硼酸)
安全停堆	3.0	—
冷态到热态	—	2.0
多普勒效应	2.2	—
钐毒	—	0.8
氙毒	—	2.2
运行控制	0.8	—
燃耗	—	9.0
总计	6.0	14

化控的另一弱点是引进了正反应性温度系数(温度升高一度引起的反应性变化称为反应性温度系数)。非化控压水堆的反应性温度效应是负的，即温度升高会自发地引起反应性降低，从而控制温度的进一步提高，这种自稳调节作用，显然对安全有利。压水堆的负反应性温度系数是多普勒效应和冷却剂温度效应的结果。多普勒效应表现在，燃料元件温度升高时，^{238}U 对中子的共振吸收截面增大，导致反应性下降。慢化剂温度效应表现在，温度升高引起水的密度减少，慢化性能降低，也导致反应性下降 。向冷却剂引入硼酸后，情况则相反。温度升高引起冷却剂体积膨胀，硼浓度相应降低，使冷却剂吸收中子能力下降，反应性上升。这就是硼的添加引入了正反应性温度系数的原因所在。显然，硼浓度越高，正反应性温度系数越大。欲使反应堆最终具有负反应性温度系数，务必控制冷却剂的硼浓度，使其引入的正反应性温度系数，小于多普勒效应和慢化剂温度效应所具有的负温度系数之和。

2) 硼的燃耗

天然硼中，^{10}B 中子吸收截面很大，其(n,α)反应生成^{7}Li 和氦，在运行过程中逐渐消耗。如果以堆芯水容积为 50 m^3，冷却剂平均硼浓度为 500 mg/L 计，则一个压水堆每年需要消耗 5 kg^{10}B，相当于 150 kg 硼酸。由于调节、安全和换料等需要，反应堆各系统硼酸贮备量达数十吨，故其燃耗量每年仅占贮备量的 1%以下。所以，^{10}B 的消耗在相当长时期内不会对整个一回路的硼酸循环复用产生明显的影响。一回路在运行过程中，难免要更新一部分硼酸、用来抵偿 ^{10}B 的损失。

3）硼酸浓度调节

冷却剂硼酸浓度达不到要求要提高冷却剂硼酸浓度（加硼），可将浓硼酸注入主回路；减硼时，可注入纯水，加硼或减硼速度需满足反应性控制的要求。堆芯运行后期，因要求硼浓度较低，可用氢氧型阴离子交换树脂减硼。

4.1.2.3 硼酸及其水溶液的物理化学性质

（1）概述

硼是第三族元素。天然硼由 ^{10}B(19.8%)和 ^{11}B(80.2%)组成。它的天然化合物是硼酸盐矿和存在于某些湖泊和温泉中的硼酸。

硼酸（亦称正硼酸）化学式为 H_3BO_3，相对分子质量为 61.84。由水中重结晶出来的晶体呈透明鳞片状，[质量]密度为 1.46 g/cm^3，熔点 184 ℃（分解），沸点 300 ℃。

硼酸可溶于水、醇及甘油。将正硼酸加热到 100 ℃以上，它会失去一分子水而生成焦硼酸（$H_4B_2O_5$）。硼酸酐暴露在空气中逐渐吸收水分转变成正硼酸。

硼酸与皮肤接触有滑腻感、无臭、味微酸苦后带甜、有毒。硼酸的规格见表 4-1-11。

表 4-1-11 硼酸规格

含量/%[1]	核 级	一级	二级
硼酸	>99.95	99.5	99.5
钠	<0.003		
水不溶物	<0.005	0.005	0.01
乙醇溶解度		合格	合格
甲醇盐酸不挥发物		0.05	0.1
氯化物	<0.000 4	0.001	0.002
磷酸盐	<0.003	0.001	0.001
硫酸盐	<0.000 6	0.005	0.01
砷		0.000 2	0.000 5
钙	<0.005	0.005	0.01
重金属		0.000 5	0.001
铁	<0.000 2	0.000 5	0.001
氢氟酸处理后不挥发物		0.015	

注：1）百分含量是过去化学药品规格的一种表示方法。

（2）硼酸水溶液的组成

硼酸在水溶液中是分级电离的，并且在水溶液中稳定存在的硼酸及其离子有正硼酸、单硼酸离子、三硼酸离子和四硼酸离子。

硼酸在水溶液中的电离可以用下列式子表示：

$$\underset{\text{正硼酸}}{B(OH)_3} + 2H_2O \xrightleftharpoons{K_{11}} H_3O^+ + \underset{\text{单硼酸根离子}}{B(OH)_4^-} \tag{4-1-32}$$

$$3B(OH)_3 \xrightleftharpoons{K_{13}} H_3O^+ + \underset{\text{三硼酸根离子}}{B_3O_3(OH)_4^-} + H_2O \tag{4-1-33}$$

$$4B(OH)_3 \xrightleftharpoons{K_{24}} 2H_3O^+ + B_4O_5(OH)_4^{2-} + H_2O \tag{4-1-34}$$

四硼酸根离子

其中单硼酸根可以和未离解的硼酸生成多硼酸根离子。

$$2B(OH)_3 + B(OH)_4^- \xrightleftharpoons{K'_{13}} B_3O_3(OH)_4^- + 3H_2O \tag{4-1-35}$$

$$2B(OH)_3 + 2B(OH)_4^- \xrightleftharpoons{K'_{24}} B_4O_5(OH)_4^{2-} + 5H_2O \tag{4-1-36}$$

在压水堆中因 pH 控制的需要，冷却剂中常有少量碱存在，这必然对硼酸电离平衡发生影响。硼与碱浓度对溶液中硼酸及其各种离子相对含量的影响列在表 4-1-12 中。其中 γ 表示溶液的中和程度，[B]为溶液中硼的浓度。由表中可以看出，在低硼溶液中仅有单硼酸分子和单硼酸根离子存在，而在高硼浓度及少量碱存在时（低中和程度），则以单硼酸分子和三硼酸根离子为主。由此可认为在压水堆冷却剂硼浓度和碱浓度范围内，四硼酸根离子基本上是很少的。

表 4-1-12　硼与碱浓度对溶液组成的影响

（溶液 γ 的中和程度）	硼浓度[B]	
	低	高
低	$\underline{H_3BO_3}+B(OH)_4^-$	$\underline{H_3BO_3}+B_3O_3(OH)_4^-$
中等	$H_3BO_3+B(OH)_4^-$	$B_3O_3(OH)_4^-+B_4O_5(OH)_4^{2-}$
高	$\underline{B(OH)_4^-}+H_3BO_3$	$\underline{B(OH)_4^-}+B_4O_5(OH)_4^{2-}$

注：下面划横线者，表示该组分在数量上占优势。

（3）硼酸水溶液的物理化学性质

1）密度　稀硼酸水溶液的密度比纯水略大，其随浓度的变化见表 4-1-13。

2）硼酸及其盐类在水中的溶解度。

① 硼酸在水中的溶解度

硼酸在水中的溶解度随温度升高而明显增加（见表 4-1-9）。一回路冷却剂的最高含硼量一般为 0.1%～0.2%，在室温下不会产生沉淀，但浓硼酸制备及贮存过程中的硼酸浓度较高（一般为 4%或 12%），故应设法防止硼酸遇冷结晶而造成管道堵塞等事故。

② 硼酸盐在水中的溶解度

表 4-1-13　稀硼酸水溶液的密度

质量分数/%	温度 t/℃	密度/(g/cm³)
1	15	1.004 5
2	15	1.010 3
3	15	1.016 5
3.2	25	1.008
5.7	25	1.016

反应堆含硼冷却剂中往往有碱金属存在，某些碱金属的偏硼酸盐具有负的溶解度温度系数，表 4-1-14 为偏硼酸锂溶解度随温度变化的情况。人们曾经担心，偏硼酸锂的负溶解度温度系数引起“隐患”，因为钾和钠的偏硼酸盐溶解度较之偏硼酸锂大得多，更无须担忧。

表 4-1-14　偏硼酸锂的溶解度

温度 t/℃	无水 $LiBO_2$ 的溶解度/(g /100 gH_2O)	固　相
125	9.90	$LiBO_2 \cdot H_2O$
150	8.75	$LiBO_2 \cdot H_2O$
180	8.30	$LiBO_2 \cdot H_2O$
200	7.90	$LiBO_2 \cdot H_2O$
225	3.20	$LiBO_2 \cdot H_2O$
245	2.85	$LiBO_2$
275	2.60	$LiBO_2$

3）硼酸挥发性

$B_2O_3-H_2O$ 系统气相中存在三种含硼组分，即 $B(OH)_3$，HBO_2，$B_3O_3(OH)_3$。但在较高压力下，气相中仅有一种含硼组分——正硼酸。据此，压水堆一回路气相主要成分应是正硼酸。

伯恩斯等测定了纯硼酸水溶液及碱－硼酸水溶液中硼酸的挥发性。

① 硼酸在水溶液中的挥发性

硼酸的挥发性可用分配系数表示，当气相中仅有一种正硼酸组分时，分配系数 D 为气、液两相硼的总浓度之比：

$$D = \frac{C_{气相}}{C_{液相}} \tag{4-1-37}$$

式中，$C_{气相}$ 和 $C_{液相}$ 分别表示平衡时硼在气相冷凝液和液相中的浓度。100 ℃以下，硼酸挥发性较小，但随着温度升高而增大（见图 4-1-8）。

② 硼酸在含碱水溶液中的挥发性

一回路存在不少气－液接触部位，如稳压器、容积控制箱等。这些设备的汽（气）空间都会存在硼酸（尤其是稳压器汽空间）。含硼水蒸发处理过程也涉及硼的挥发性问题。在含碱溶液中，硼酸挥发性较小（见图 4-1-9）。

4）电化学性质

① 电导率

纯硼酸溶液的电导率很低，且与浓度有关，浓度增加，电导率随之上升，但在高温下这种差异变小（图 4-1-10 a）。碱能显著增加硼酸溶液的电导率（图 4-1-10 b）。但是，碱－硼酸溶液的电导率几乎与同样浓度的纯碱水溶液相同，说明硼酸的存在与否对碱溶液的电导率影响甚小，这是因为硼酸根离子的迁移率较之氢氧根离子的迁移率小得多的缘故。

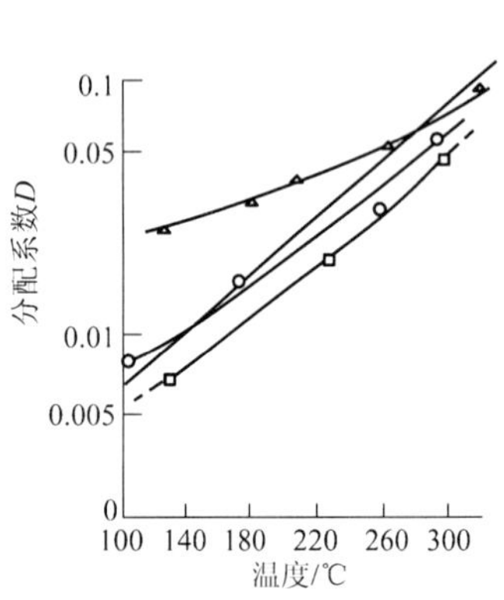

图 4-1-8 硼酸在水溶液中的挥发性

○—0.5 mol/L；□—1.3 mol/L；

△—0.1～0.7 mol/L

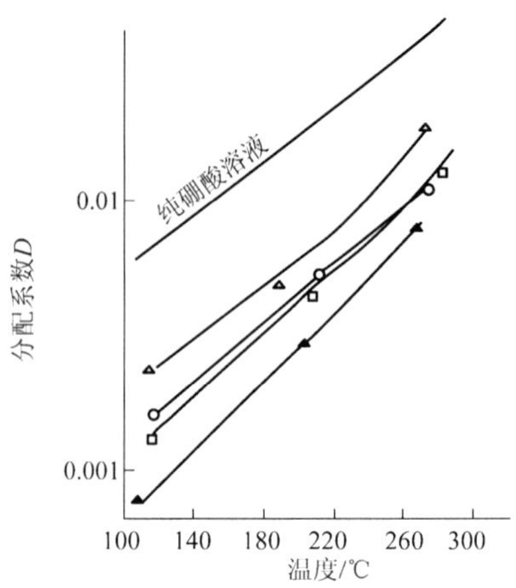

图 4-1-9 硼酸在含碱水溶液中挥发性

△—0.5 mol/L 的 Li，0.5 mol/L 的 B；

○—0.4 mol/L 的 Li，0.8 mol/L 的 B；

□—0.4 mol/L 的 K，0.8 mol/L 的 B；

▲—1.1 mol/L 的 K，2.2 mol/L 的 B

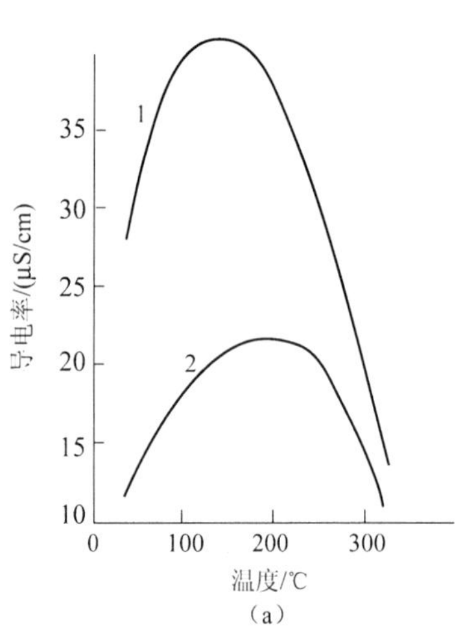

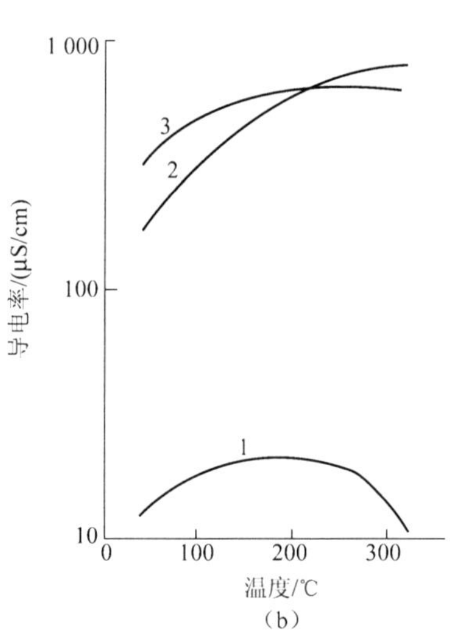

图 4-1-10 硼酸水溶液的电导率

(a) 纯硼酸水溶液

1—0.5 mol/L 的 H_3BO_3；

2—0.25 mol/L 的 H_3BO_3

(b) 碱一硼酸水溶液

1—0.2 mol/L 的 H_3BO_3；2—0.013 mol/L 的 LiOH；

3—0.25 mol/L 的 H_3BO_3，0.001 4 mol/L 的 LiOH

② 电离常数

硼酸的电离按照反应式(4-1-32)和式(4-1-33)进行，电离常数基本上随温度升高而减少。图 4-1-11 为电离常数随温度变化的曲线，300 ℃时溶液中 $B(OH)_4^-$ 和 $B_3O_3(OH)_4^-$ 浓度，较室温下分别减少至原来的 1/10 和 1/100。

③ pH 值

根据图 4-1-11 中的 K_w、K_{11}、K_{13} 的数据及 LiOH、NH_4OH 的电离常数可求得溶液的 pH 值，若绘制成图，则可得图 4-1-12。从图中可以看出：

a. 随温度上升纯水的 pH 值下降，而硼酸溶液(浓度为 1.5×10^3 mg/L 的硼)的 pH 值却上升，高温下两者的 pH 值非常接近(线 5 和线 6)；

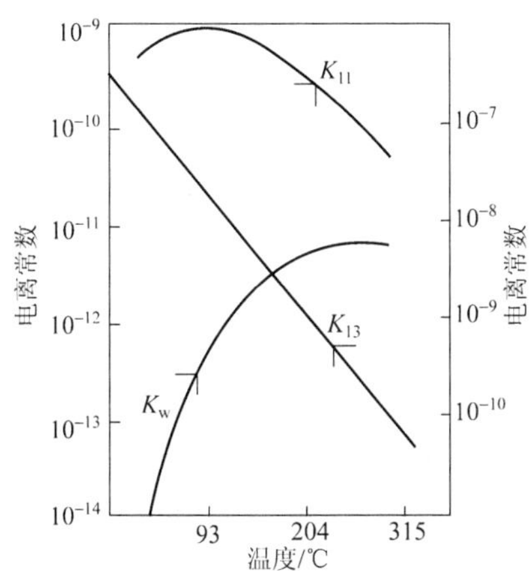

图 4-1-11　硼酸和水的电离常数

K_w—水的电离平衡常数；

K_{11}—式(4-1-32)电离平衡常数得 $B(OH)_4^-$；

K_{13}—式(4-1-33)电离平衡常数得 $B_3O_3(OH)_4^-$

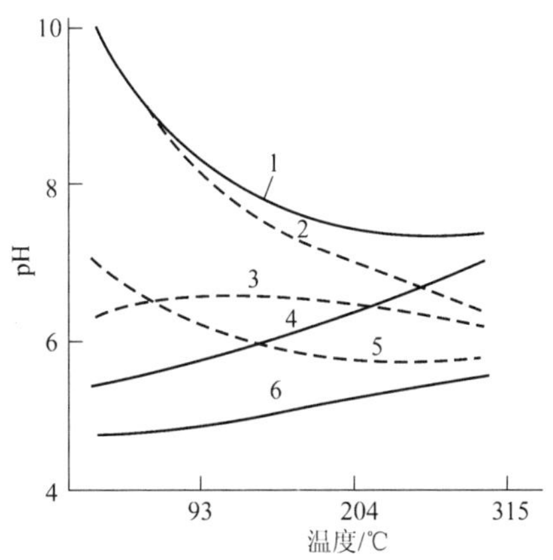

图 4-1-12　各种溶液的 pH 值

1—10^{-4} mol/L 的强碱；2—11 mg/L 的 NH_3；3—11 mg/L 的 NH_3＋1.5×10^3 mg/L 的 B；4—10^{-4} mol/L 的强碱＋1.5×10^3 mg/L 的 B；5—纯水；6—1.5×10^3 mg/L 的 B

b. 铵和强碱溶液的 pH 值随温度上升而减少(线 1 和线 2)；

c. 铵—硼酸溶液的 pH 值先随温度升高而增加，在 121 ℃左右达到最大值，而后逐渐减少(线 3)；

d. 强碱—硼酸溶液的 pH 值随温度上升而持续增大(线 4)，在 302 ℃时较之相应的铵—硼酸溶液的 pH 值(线 3)高 0.75，而与同样浓度的纯强碱溶液的 pH 值(线 1)非常接近。

由以上分析可以得到两个结论：

第一，在运行温度(高温)下，冷却剂 pH 值主要由碱性添加物决定，与硼浓度关系不大，图 4-1-13 清楚地说明了这一点，所以运行时随着硼浓度逐渐减少，冷却剂 pH 值变化并不显著，基本上保持恒定；

第二，停堆换料时因冷却剂温度降低，硼浓度增高，pH 值比高温时低得多，对材料有腐蚀作用，应引起重视。

4.1.2.4　硼酸作为可溶性中子吸收剂的若干问题

(1)“隐患”的疑虑及其消除

初期，硼酸在回路中的沉积行为令人忧虑和迷惑，人们担心在实际运行过程中硼酸可能由于某种原因沉积到材料表面，而后又释放到冷却剂中。这种不可控制的行为，如发生在回

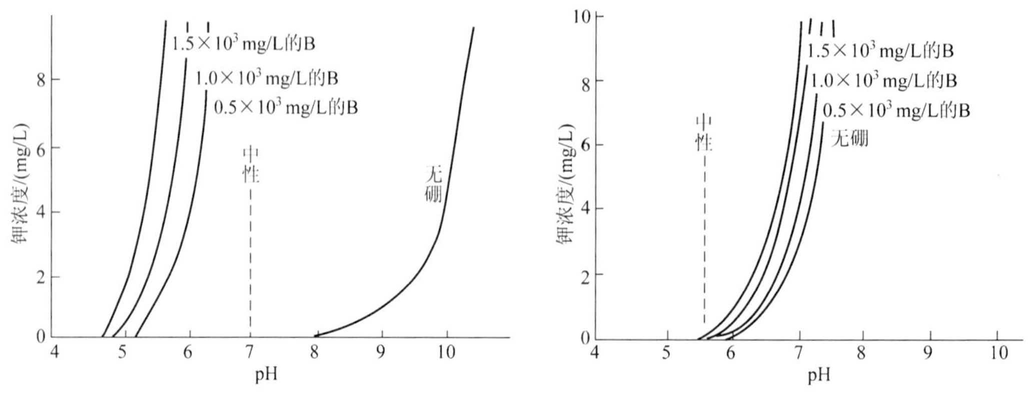

图 4-1-13 pH 值随碱和硼浓度的变化

路材料表面将引起冷却剂硼浓度变化，影响反应性；若发生在燃料元件表面，则这种影响将更为直接和显著；如果硼在堆芯的沉积不可逆，则可能导致反应性亏损，缩短堆芯寿期。通常把硼的这种沉积释放的可能性称之为“隐患”，它是硼酸能否成功地用作可溶性中子吸收剂的关键所在，对此，人们进行了大量的工作。

就拿不锈钢腐蚀产物与硼酸的作用来说，硼酸用作可溶性中子吸收剂以来的若干年里，人们从不锈钢腐蚀产物对硼的吸附容量、腐蚀膜对硼酸的吸附、硼酸在燃料元件表面浓集的可能性、提高溶液的 pH 值或改变硼酸浓度等各方面做了大量的堆内、堆外试验。综合起来得出如下结论：硼的沉积－释放引起的反应性变化很小，近代化控压水反应堆在长期运行中未见有此种“隐患”，因此，对“隐患”的疑虑可以完全消除。

（2）硼酸的腐蚀性能

在中性或弱碱性水中具有良好耐腐蚀性能的材料，同样适用于高温硼酸水溶液。在压水堆运行条件下，硼酸水溶液对锆合金、不锈钢、镍基合金等材料的腐蚀无显著不良影响。其放射性活度无明显增高，冷却剂中腐蚀产物量也相当稳定，约 50 μg/L，但在停堆或回路水力和热工条件改变时，瞬间可上升到 250 μg /L。此外，沉积量虽然稍大些，但加入碱后，即迅速减少。

（3）硼酸水溶液的热工水力性能

在冷却剂硼浓度范围内（0～2.5×10³ mg/L），其热工水力特性变化甚小，若采用纯水的参数进行热工水力学计算，误差不超过 2%。

4.1.3 冷却剂的 pH 值控制

4.1.3.1 pH 值控制的意义

（1）pH 与腐蚀

1）碱性水质对结构材料腐蚀的抑制作用

① 不锈钢或镍基合金在高温水或蒸汽长期作用下，表面生成一层具有保护作用的尖晶石型氧化膜，而提高冷却剂的 pH 值可以促使这层膜更加迅速地形成。

② 金属表面对 OH^- 离子有一定的吸附作用，OH^- 离子浓度越高，吸附量越大，当 pH

值高达一定数值时，吸附的 OH^- 就能阻止其他物质同金属表面发生作用。例如，当 pH 值由 10 增加到 11 时，铁表面吸附的硫酸根离子减少 90%以上。

2）pH 值对腐蚀产物运动的控制作用

新型压水堆大多采用锆-4 合金作为燃料元件包壳，其腐蚀产物释放速率比不锈钢小得多。如果能减少或防止回路中腐蚀产物向堆芯转移，使其免于活化，则不仅可大大降低停堆后一回路的辐射水平，以便于检修，而且减少腐蚀产物在燃料元件表面的沉积，能维持堆芯良好的传热条件。当提高冷却剂 pH 值时，有助于达到上述目的。图 4-1-14 概括了含有氢气的溶液中亚铁离子溶解度与溶液的 pH 值和温度的关系。由图可见，在酸性和弱碱性溶液中，亚铁离子在 77 ℃具有最高的溶解度，而后随温度上升，溶解度迅速降低。这表明，酸性或弱碱性溶液（低 pH 值）中腐蚀产物中铁会从冷表面（蒸汽发生器传热管壁）上溶解，于热表面（燃料元件包壳）上沉积。相反，在碱性介质中，Fe^{2+} 的溶解度在某一温度下有最小值，pH 值越高，相应的最小溶解度温度就越低。此后，Fe^{2+} 的溶解度随温度升高而迅速增加。这表明，碱性溶液中（高 pH 值），腐蚀产物将从系统较热表面上溶解并转到较冷表面上沉积下来。

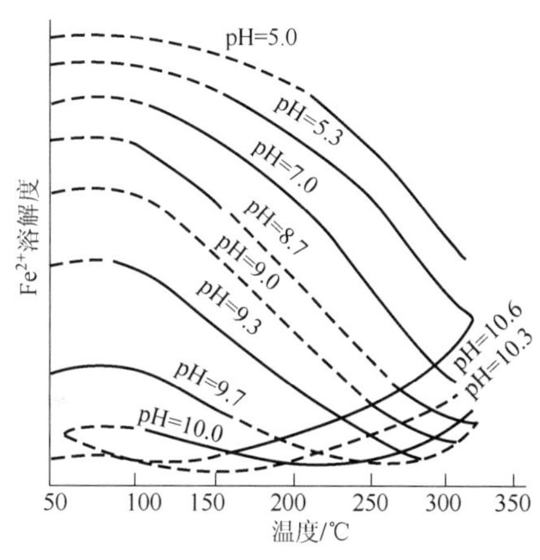

图 4-1-14　溶液温度和 pH 值对亚铁离子浓度和溶解度的影响

综上所述，维持冷却剂的高 pH 值，不仅能防止堆芯外回路腐蚀产物向堆芯转移，而且还能使堆芯沉积的腐蚀产物迁移出去，以减少腐蚀产物被活化。但是，在反应堆实际运行中，冷却剂碱性不宜太高，否则会危及锆合金。如非挥发性强碱浓度超过 10^{-2} mol/L(pH＝12)时，即对锆合金的腐蚀有不利影响。其次，过高的碱性还会引起不锈钢或镍基合金苛性腐蚀，特别是在泡核沸腾情况下，非挥发性强碱易在堆芯构件缝隙处浓集，更需限制其浓度。非挥发性强碱（指 LiOH）浓度一般不宜超过 3×10^{-4} mol/L，相应的水溶液 pH 值小于 10.50。

（2）pH 控制的实效

pH 值对腐蚀的抑制作用以及对腐蚀产物转移和沉积的控制作用，在压水反应堆实际运行过程中已充分得到了证实。中性水质下不锈钢腐蚀率较之碱性水质（10^{-4} mol LiOH/L）大 3 倍。杨基反应堆一回路结构材料在含硼冷却剂中的腐蚀试验温度 316 ℃，压力为 12.4～12.8 MPa，流速 11～12 m/s，硼浓度$(3\sim1.59)\times10^3$ mg/L，加入少量 LiOH（ Li 约等于 1 mg/L）后，不锈钢和 Zr-2 合金等材料腐蚀速率大为减少。另外，还观察到，pH 值提高到 9.5～10.5 以后，原来中性水质下长期沉积在燃料元件表面的腐蚀产物逐渐消失。加拿大国家试验研究反应堆（NRX 重水堆，UO_2燃料，锆合金包壳，不锈钢管道）在高温中性水质下运行时（冷却剂电导率为 1 μs/cm），冷却剂悬浮固体浓度约为 0.1 mg/L，辐照燃料样品表面腐蚀产物沉积很严重，最厚处达 4 密耳（ mpy ），但用 KOH 将 pH 值调节到 10～10.5 后，悬浮固体量减少到 5 μg/L，燃料样品上沉积物很少，冷却剂通过堆芯的压力降亦随之减少。萨克斯登反应堆运行过程中也观察到类似现象。卡罗来纳弗吉尼亚压力管式重水反应堆(CVTR)由于提高了 pH 值,使冷却剂总流量增加1%。杨基反应堆的实践从反面也证实了 pH 值对控制腐蚀产物移动的作用,该堆在碱性水质(加氨)下启动时,蒸汽发生器管板处 γ 辐射剂量达到 0.5 Gy/h。后改纯硼酸溶液(低 pH 值水)运行三个月后,同一处 γ 辐射剂量率降低到 5×10^{-2} Gy/h,即高 pH 值条件下,沉积在蒸汽发生器中的腐蚀产物,随着 pH 值降低已移向堆芯。

(3) 一回路 pH 值的控制方法

为控制冷却剂 pH 值,就需向冷却剂中加入一定量碱(pH 控制剂),可以通过注入法或离子交换法来实现。注入法是最常用的也是最简单的方法,即定量地向冷却剂中加入 pH 控制剂。离子交换法则是通过将冷却剂净化回路中混合离子交换器的阳树脂转换成 pH 控制剂的型式来实现的。如用 LiOH 作 pH 控制剂,就需将阳树脂转换成 Li 型(即以 Li^+ 离子作为树脂交换基团),当冷却剂流过时,其中杂质离子就会与 Li^+ 发生交换作用,使流出液中 LiOH 浓度增加。不过,即使采用注入法,一般情况下仍需将阳离子交换树脂转换为 pH 控制剂的型式,否则冷却剂中的 pH 控制剂就会被阳树脂除去。注入法对 pH 的控制比较灵活有效,使用范围也广。离子交换法则差些。特别在用 NH_4OH 作为 pH 控制剂时,若仅靠 NH_4^+ 型树脂的交换作用,至多只能使 pH 值达到 9 左右。

4.1.3.2 一回路 pH 控制剂的选择

(1) 良好的 pH 控制剂应具备的条件

1) 具有有效的 pH 控制能力;

2) 良好的核性能,即不产生或很少产生感生放射性,又对冷却剂的物理特性无不利影响;

3) 具有稳定的化学特性,不与结构材料或冷却剂中其他成分发生不利作用;

4) 价格便宜,来源充足。

(2) 可供选择的 pH 控制剂

作为 pH 控制剂首选应是碱金属族元素,因为碱金属的氢氧化物均系强碱,可用于提高 pH 值,但由于下述种种原因,目前在压水反应堆中只有少数得到应用。

天然钠由 100%的 ^{23}Na 组成,它的热中子吸收截面为 505 靶,和中子反应生成 ^{24}Na。而 ^{24}Na 是一种很强的 γ 辐射体,γ 能量为 2～4 MeV,半衰期 15 h。因此,添加 NaOH 会给冷却剂带来很强的感生放射性。

天然钾的同位素组成为:93.08% ^{39}K, 0.01% ^{40}K 和 6.91% ^{41}K。其中 ^{41}K 与中子反应(σ=0.95 靶)生成的 ^{42}K 也是一种强 γ 辐射体(γ 射线能量为 1.51 MeV,半衰期 9.2 h),因此,其核性能也不理想。只有为数不多的早期反应堆曾用它作为 pH 控制剂,现已很少使用。

铷和铯的氢氧化物在压水堆中未应用过,其原因除了感生放射性外,主要还在于它们很稀缺,不宜作为 pH 控制剂这种消耗性材料使用。

目前,只有氢氧化锂和氢氧化铵在压水堆中被广泛用作 pH 控制剂。

4.1.3.3 氢氧化锂的应用

(1) 天然锂的氢氧化物存在的问题

天然锂的氢氧化物作为 pH 控制剂是不合适的。在天然锂中含有 7.52%的^{6}Li 和 92.48%的^{7}Li，^{6}Li 热中子吸收截面很大(950 靶)，^{6}Li(n，α)^{3}H 反应生成大量的氚。氚是β辐射体，其β射线能量虽低(平均约为 5.964 keV)，但半衰期相当长(12.36 a)，在冷却剂中，由于同位素交换作用，几乎 99%以上的氚以氚水(HTO)形式存在，难以用一般方法分离和除去，给堆的运行、维护、三废处理以及环境保护带来不利影响。为减少氚的产生，采用高纯度^{7}Li 氢氧化物作为 pH 控制剂。由于军用^{6}Li 的需要，有些国家掌握了锂同位素分离技术，并进行工业生产，这就为^{7}Li 的使用创造了先决条件。美国希平港压水堆自 1960 年 12 月起，用高纯^{7}Li(99.99%)代替了原来的天然锂作为 pH 控制剂，使冷却剂氚浓度由 10.36×10^{6} Bq/L减少到 7.4×10^{4} Bq/L。

(2) ^{7}Li 作为 pH 控制剂主要的优点

1) 在用硼酸作为可溶性中子吸收剂的反应堆中，由于^{10}B 的(n，α)反应，^{7}Li 必然地要在冷却剂中产生，所以 pH 控制剂——LiOH 的添加，恰与堆内自生的^{7}Li 相吻合，且不引起额外的核素；

2) ^{7}Li 的中子吸收截面很低(0.039 靶)，一般不产生感生放射性；

3) pH 控制能力强；

4) 对冷却剂净化有利。使用任何一种碱作为 pH 控制剂，都必须将冷却剂净化回路的阳离子交换树脂转换成该种碱离子的型式。就阳离子树脂比较，冷却剂中各种金属离子在锂型树脂上最易被阻留，即^{7}Li 型树脂对冷却剂的净化效果最好；

5) 腐蚀性较小。不锈钢苛性腐蚀断裂的概率依所用碱来排列为：NaOH＞KOH＞LiOH，对于锆合金也有同样的规律。

基于上述，世界上大多数压水堆，特别是西方国家的压水堆几乎都用高纯^{7}Li 的氢氧化物作 pH 控制剂。但是其价格较贵，不易得到。

应该指出，氢氧化锂这种非挥发性碱还有一个缺点：当冷却剂泡核沸腾时的局部浓缩会造成结构材料苛性腐蚀。实验表明，冷却剂 pH 值为 10 时，LiOH 在燃料组件缝隙处的浓缩就可能加速锆-2 合金的腐蚀。

(3) 氢氧化锂 pH 控制剂的特点

1) 冷却剂中^{7}Li 的产生　在用硼酸作为反应性补偿控制的冷却剂中，由于^{10}B 的中子反应一定会产生^{7}Li：

$$^{10}_{5}B + ^{1}_{0}n \rightarrow ^{7}_{3}Li + ^{4}_{2}He \tag{4-1-38}$$

反应速度正比于单位冷却剂体积中靶核密度(硼浓度)与中子注量率的乘积，中子注量率又与堆功率成正比。对萨克斯登反应堆给出如下公式：

$$\frac{dC_{Li}}{dt} = 10^{-3} C_B P_t \tag{4-1-39}$$

式中，$\frac{dC_{Li}}{dt}$——为冷却剂中 Li 浓度增加速率，μg/(L · d)；

C_B——冷却剂中硼浓度，mg/L；

P_t——堆的热功率，MW。

对于不同反应堆，上式在右面的系数会有差异。但是，现代压水堆中子注量率相差不大，当冷却剂硼浓度相近时，^{7}Li 的生成量也大致相同。例如某反应堆在冷却剂硼浓度为

1.6×10^3 mg/L，每天的^{7}Li 浓度增值为100 μg/L。计算表明，对于一个热功率为 2 570 MW 的反应堆，冷却剂硼浓度为 1.08×10^3 mg/L，其^{7}Li 浓度增值可达 106 μg/L。如冷却剂容积以 25×10^4 L 计，则每天将产生 25 g 的^{7}Li。在堆芯寿期内，冷却剂硼浓度是呈直线减少的，故可取该值的一半(12.5 g)作为^{7}Li 的日平均生成量。以一年运行 300 天计，则一个反应堆每年能产生 3.75 kg^{7}Li，几乎相当于^{7}Li 总消耗量的 1/4～1/3。反应堆运行初期，一个月之内^{7}Li 的净浓度增值即能达到^{7}Li 的允许浓度。应设法充分利用堆内自生的^{7}Li，以减少昂贵的高纯^{7}Li 添加量。若运行前，将 H 型阳树脂(而不是^{7}Li 型阳树脂)装入冷却剂净化回路的混合离子交换器，则在运行初期，随着$^{10}B(n,\alpha)^7Li$ 反应，树脂将逐渐为^{7}Li 所饱和(转化为^{7}Li 型树脂)。到运行后期，由于冷却剂硼浓度很低，自生的^{7}Li 量不足；当冷却剂通过混合床时，水中其他阳离子杂质就会将树脂上^{7}Li 交换下来。这时，进入冷却剂的^{7}Li 就起到了 pH 控制剂的作用，从而可以大大减少^{7}Li 的添加量。

2) 氢氧化锂水溶液的物理化学性质

① 氢氧化锂水溶液的摩尔电导率与温度的关系

通过实验测得低浓度氢氧化锂水溶液，浓度范围为 0.73～1.5 mol/L 时，其摩尔电导率在一定温度范围内，随温度升高而增加。见图 4-1-15。

② 电离常数与 pH 值

LiOH 的电离程度比 NaOH、KOH 小，室温下其电离常数为 0.12，而 NaOH 则几乎全部电离，KOH 则完全电离。表 4-1-15 及图 4-1-16 显示了 LiOH 水溶液的电离常数随温度变化的情况，其电离常数随温度的升高而减小。

表 4-1-16 和图 4-1-17 为 LiOH 和 NH_4OH 溶液的 pH 值，显示了温度升高时溶液的 pH 值的变化。由图可以看出，在通常的冷却剂运行温度和 pH 添加剂下，LiOH 溶液的 pH 值比纯水的高 1.5～2，而 NH_4OH 仅高出 0.5，足见前者较后者能更有效地控制冷却剂的 pH 值。

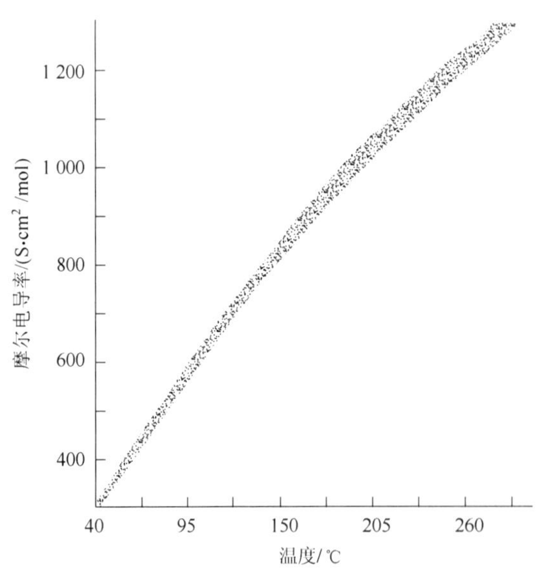

图 4-1-15 LiOH 水溶液的摩尔电导率

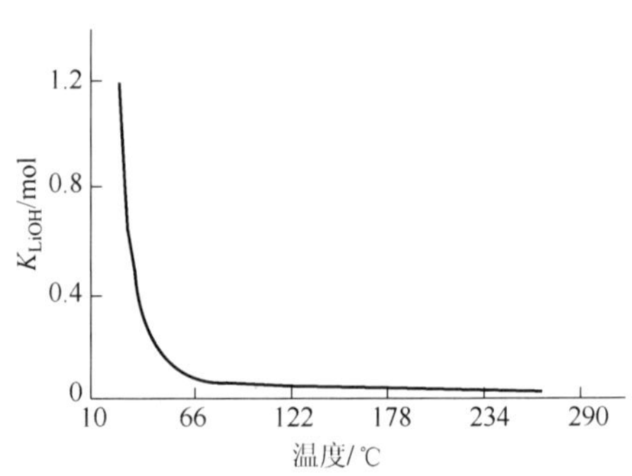

图 4-1-16 LiOH 水溶液的电离常数

表 4-1-15 LiOH 和 NH_4OH 的电离常数

温度 t/℃	LiOH 溶液的电离常数 $K_{LiOH}/10^{-3}$	NH_4OH 溶液的电离常数 $K_{NH_4OH}/10^{-6}$
49	128	20.8
71	68.5	17.9
93	74.2	14.9
116	45.6	11.5
138	31.0	9.05
160	43.5	6.41
182	39.6	4.39
204	41.4	2.82
227	25.5	1.75
249	23.4	0.998
271	17.2	0.62
293		0.24

表 4-1-16 LiOH 和 NH_4OH 水溶液的 pH 值

温度 t/℃	纯 水	NH_4OH 溶液	LiOH 溶液
25	7.00	8.50	9.00
100	6.16	6.41	7.30
156	5.83	5.96	6.62
218	5.67	5.71	6.29
306	5.89	5.90	6.64

③ 溶解度

LiOH 在水中溶解度见图 4-1-18，在 116～249 ℃的范围内 LiOH 出现负温度系数，即随温度上升溶解度减少。总的说来 LiOH 的溶解度有限，但对于调节冷却剂 pH 值却绰绰有余，LiOH 和硼酸能够生成偏硼酸锂，偏硼酸锂的溶解度很小，且在 41.7 ℃以上具有负温度系数。最初担心偏硼酸锂会在燃料表面沉积，引起反应性波动和亏损。后来，实验和运行都表明，只要 LiOH 浓度不超过控制范围，绝不会发生偏硼酸锂的沉析。

④ 氢氧化锂一硼酸溶液的 pH 值(25 ℃)，见图 4-1-19。

⑤ 氢氧化锂一硼酸溶液的 pH 值(在运行工况下)，见图 4-1-20。

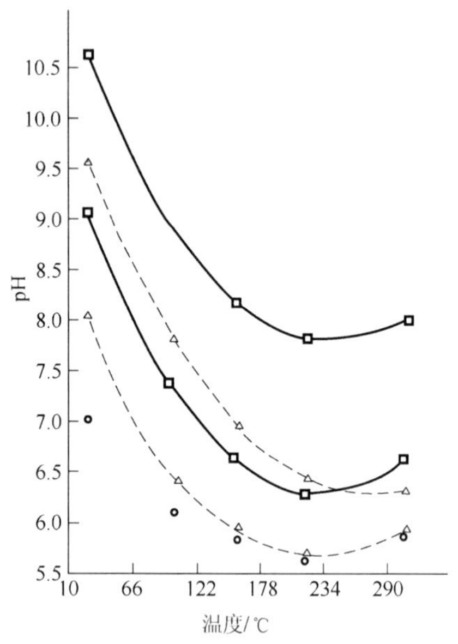

图 4-1-17 LiOH、NH_4OH 溶液及水的 pH 值随温度的变化

○—H_2O；△—NH_4OH；□—LiOH

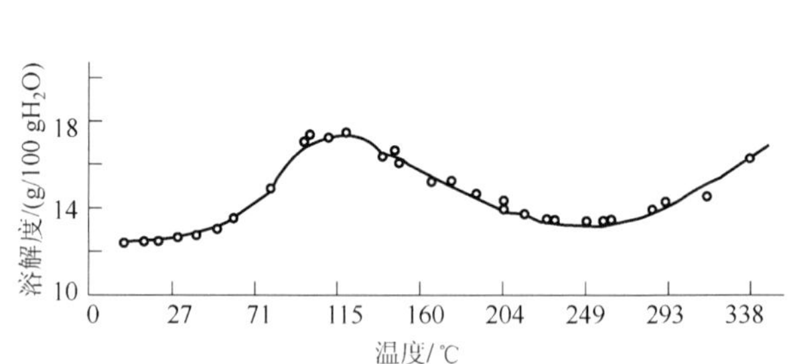

图 4-1-18 LiOH 在水中的溶解度

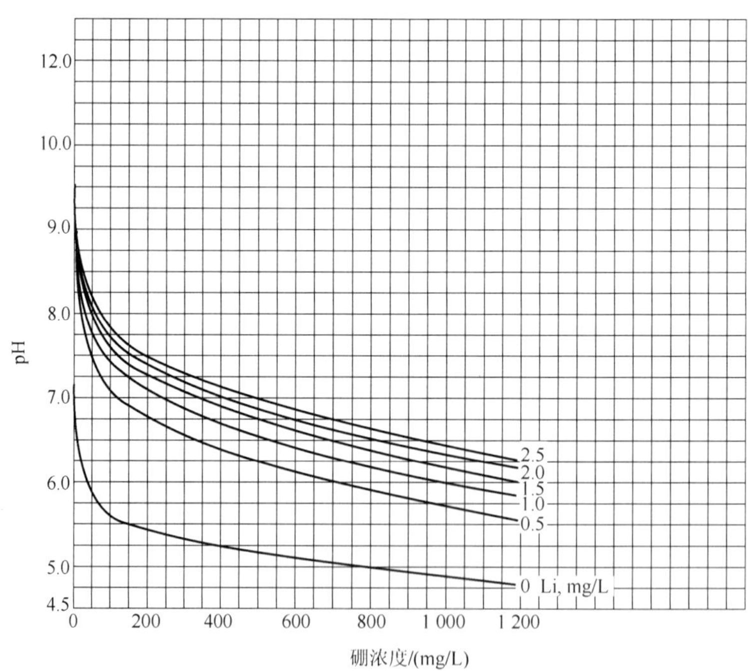

图 4-1-19 氢氧化锂—硼酸溶液的 pH 值(25 ℃)

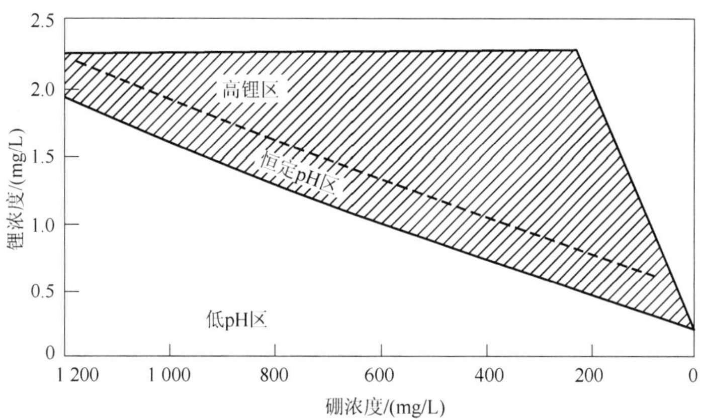

图 4-1-20 反应堆运行工况下的锂一硼配比

3) ^{7}Li 的回收 高纯^{7}Li 是一种较为贵重和难得的材料。反应堆中大部分^{7}Li 用作锂型树脂转型，小部分用作冷却剂 pH 添加物。^{7}Li 型树脂充入净化回路混合床后，在运行过程中部分^{7}Li 将被杂质离子置换下来。当冷却剂锂含量过高时，用净化回路除锂床除去多余的锂(包括添加的，回路中自生的以及从混床上置换下来的)。在反应堆排水时，可使冷却剂先经混床，再经除锂床，以收集其中的^{7}Li。也就是说进入回路的^{7}Li 最终都集中在两个离子交换器——混合离子交换器和除锂离子交换器中，如果这些吸附的^{7}Li 能够回收使用，则借助堆内自生^{7}Li 的补充，可以做到在最初投入一定数量的^{7}Li 后，无需再另外添加高纯^{7}Li。离子交换树脂吸附的碱金属，除锂外，还有铯、锶、镍、铬、铁等裂变产物和腐蚀产物。若以适当流速用稀硝酸淋洗已饱和的树脂床，绝大部分 Li 淋洗下来的同时，仅有少量铯随之流出，而 Sr，Ni 等高价金属离子则可以相当完全地被分离。如果使淋洗液再次通过另一阳树脂分离柱，则树脂的色层分离作用又能把 Li 和 Cs 彻底分开。收集上述 $LiNO_3$ 淋洗液，蒸浓并用甲醛脱硝，最后再用电渗析工艺转化成 LiOH。这种方法已由实验证实完全可行，^{7}Li 回收率可达 90%以上，放射性去污系数高达 10^4。实际上反应堆净化回路的混合离子交换器或除锂离子交换器均有备用设备，可作为分离柱使用，无需再增加其他离子交换装置。稀硝酸淋洗液体积不大，浓缩后体积更小，因此，最后将 $LiNO_3$ 转化成 LiOH 的电渗析设备体积也不大。此时溶液业经分离柱再次去污，放射性已大为减弱，操作亦比较方便。总之，用上述方法回收^{7}Li 较同位素分离法生产高纯^{7}Li 便宜，特别当^{7}Li 供应短缺时，更为可取。

4.1.3.4 氢氧化铵 pH 控制剂

(1) 氢氧化铵作为 pH 控制剂的优点

1) 不产生感生放射性。

2) 作为一种挥发性碱，一般不会在堆芯缝隙处浓缩而造成金属材料的苛性腐蚀。实验表明，在 360 ℃水中，氢氧化铵浓度即使达到 11.5 mol/L，对 Zr-2 合金也无不利影响。氢氧化铵对金属的腐蚀很缓慢，腐蚀深度也较浅，在损伤扩大前可以及早发现并采取补救措施，这是非挥发性强碱难以办到的。

3) 氢氧化铵辐射分解产生的氢能抑制水的分解，降低冷却剂中游离氧的浓度。这一特性使得希平港反应堆在使用 NH_4OH 作为 pH 控制剂后，允许直接补进未经除气的去离子水。

4）价格低廉，来源广。前苏联和东欧国家的压水堆大多采用氢氧化铵作为 pH 控制剂。

（2）氢氧化铵作为 pH 控制剂的缺点

碱性较弱，所需添加的量较多；在辐射作用下，氢氧化铵会发生分解，生成 N_2 和 H_2，故需不断添加氨水以弥补其损失；同时，要求不断对冷却剂除气，以使气体含量不超过允许数值。因此，其运行比较复杂。

（3）冷却剂中铵的辐射合成与分解

氨极易溶解于水，在 20 ℃，1.01×10^5 Pa 压力下，1 体积水能溶解 700 体积的氨。部分溶解的氨和水作用生成氢氧化铵：

$$NH_3 + H_2O \rightleftharpoons NH_4OH \tag{4-1-40}$$

NH_4OH 系弱碱，按照下式电离：

$$NH_4OH \rightleftharpoons NH_4^+ + OH^- \tag{4-1-41}$$

溶解于冷却剂中的氢气和氮气，在辐射作用下能够合成氨，同时氨也能被辐射分解为氢气和氮气：

$$3H_2 + N_2 \xrightleftharpoons{\text{辐照下}} 2NH_3 \tag{4-1-42}$$

曾对希平港反应堆冷却剂中氨的辐射合成与分解进行过较为详尽的研究，并得到了如下结果：

1）有过量氢存在，其含量为 30～100 ml H_2/kgH_2O(标准)，氨的合成与氮浓度成一次函数关系，与氢浓度无关；

2）当氨浓度很低时(小于 1 mg / L)，其分解速率与浓度成一次函数关系；

3）氨的合成与分解均正比于水中吸收的辐射能。而后者又正比于堆功率。当堆功率超过某一限度后，冷却剂中氨浓度与堆功率无关。氨浓度不随功率变化，是它能够作为 pH 控制剂的先决条件之一。

NH_4OH 是一种弱碱，单纯依靠冷却剂中溶解的氮和氢气辐射合成得到的浓度远不足 pH 控制的需要。欲达到最佳的 pH 值(约 10)，冷却剂氨浓度应为 10～30 mg/L，甚至更高。为此，需要向冷却剂注入氨水，然而，这将引起反应式(4-1-42)向左移动，加快氨的辐射分解，但氨的分解速度相当慢，实际上影响不大。另一方面，氨分解为氮、氢气体将逐渐在冷却剂中积累，其中 H_2 气有抑制水辐射分解以及抑制氧的作用，因此无需另外加氢。希平港反应堆用氨作为 pH 控制剂后，补水亦无需除氧。但是，冷却剂中分解气体的含量过高也会产生一些问题。

第一，可能引起泵的空泡效应；

第二，可能在压力壳顶部控制棒套管中累积，使控制棒与套管间失去水的润滑；

第三，稳压器中积累过多的不凝性气体，会影响稳压效果。因此，冷却剂气体含量应有限制。希平港反应堆规定气体含量不得超过 125 ml/kg H_2O。

（4）氢氧化铵的物理化学性质

1）电导率

NH_4OH 溶液浓度为 4.73～93.08 mmol/L，摩尔电导与温度的关系如图 4-1-21 所示。

2）电离常数与 pH 值

氢氧化铵在溶液中仅能少量电离成 NH_4^+ 和 OH^-，其电离常数随温度的变化而变化，见表 4-1-15。氢氧化铵溶液的 pH 值见表 4-1-16 和图 4-1-17。

3）氨在气液两相的分配

氨是一种挥发性物质，当液体上部存在空间时，氨就会挥发出来。这种情况在稳压器、容积控制箱和蒸汽发生器中常常遇到。但在冷却剂氨浓度范围内，挥发氨在稳压器空间的累积量不大，对稳压效果不会带来不利的影响。

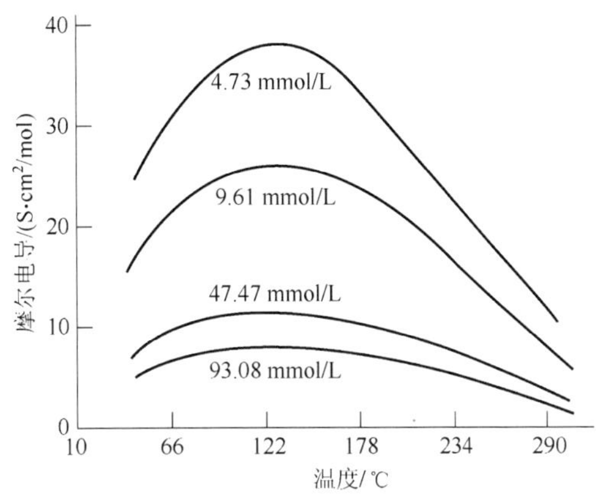

图 4-1-21 氢氧化铵溶液的摩尔电导

4.1.3.5 反应性的 pH 效应

（1）反应性的 pH 效应

1961 年 9 月，美国杨基反应堆进行了短期的反应性硼酸补偿控制试验（硼浓度：390 mg/L，热功率：380 MW），当充入硼酸时，发现了大于计算值的额外的反应性下降，开始很快，以后逐渐变慢。当此反应性下降值 $\Delta\rho$ 达到 0.6%时，开始除硼，此时又发现了约 0.4%的额外反应性增值。1963 年 1 月，该堆进行第二次试验（硼浓度约 400 mg/L，热功率 480 MW），加硼的当天，反应性的下降较计算值大 0.12%，以后反应性又均匀回升，在 18 天运行过程中，反应性总共回升了 0.5%。

这种异常反应性变化与冷却剂 pH 值密切相关，第一次试验开始前，由于不慎向冷却剂注入联氨，联氨辐射分解产生的氨提高了冷却剂 pH 值，导致反应性比预期值高出 0.4%。随着硼酸的添加和 H 型阳离子交换器投入运行，去除水中 NH_4^+，冷却剂 pH 值逐渐降低，异常的反应性也随之下降。以后随着硼的去除，冷却剂 pH 值回升，异常反应性也随同增加。在第二次试验期间，加入硼酸降低了冷却剂 pH 值，引起反应性额外降低，以后则由于 $^{10}B(n,\alpha)^7Li$ 反应使冷却剂 pH 值逐渐上升，引起了反应性回升。这种因冷却剂 pH 值变化而引起反应性增减的现象，称为反应性的 pH 效应。

反应性的 pH 效应比较令人信服的解释是：pH 值通过对燃料元件表面腐蚀产物沉积量的影响，间接地对反应性发生了作用。pH 值升高时，堆芯沉积的腐蚀产物会通过亚铁离子的溶解作用逐渐向回路部分转移，燃料元件表面腐蚀沉积物减少，提高了传热系数，因而燃料体温度下降，^{238}U 的中子共振吸收亦随之减少（即多普勒系数降低），最终引起了反应性上升。反之亦然。另外，冷却剂 pH 值高时，停堆后系统冷却较快，这对反应性 pH 效应的解释是一个佐证。再者，反应性的 pH 效应与堆功率也有关系，低功率时反应性的 pH 效应几乎随功率水平呈直线上升，中等功率水平时逐渐减缓，而在高功率时趋于饱和，从而更证实了上述推断。

反应性随冷却剂 pH 值变化的情况，可见图 4-1-22。当低 pH 值时，燃料元件表面沉积物多，传热差，元件内部温度高，蓄热多；停堆后系统温度下降慢；而高 pH 值时，燃料元件表面沉积物少，传热好，元件内部温度低，蓄热少，停堆后系统温度下降快。

（2）反应性的 pH 系数

美国对萨克斯登反应堆反应性的 pH 效应进行了系统研究。该堆在用硼溶液补偿控制反应性运行期间(硼浓度约 1×10^3 mg/L,热功率 23.5 MW,堆芯局部沸腾),用离子交换器除去冷却剂中先前加入的 KOH,随着 pH 值的降低,反应性相应减少。然后又往冷却剂中加入 KOH,前面损失的反应性又得到了恢复。为避免堆芯局部硼的浓缩对实验的影响,在热功率为 15 MW/h 时(堆芯无局部沸腾发生),又进行了一次类似实验,结果与第一次实验相同。

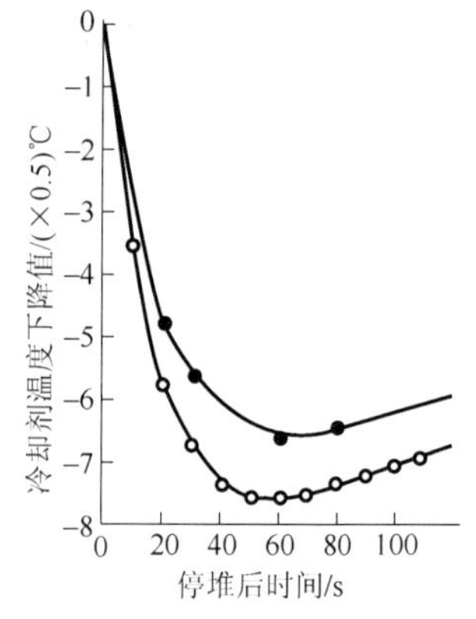

图 4-1-22 停堆后冷却剂平均温度的变化

●—低 pH 值;

○—高 pH 值

上述两个试验中,冷却剂硼浓度都较高,为了排除硼的影响,又在热功率为 20 MW,冷却剂硼浓度为 7 mg/L 时进行了第三次试验,用离子交换器和添加 KOH 来调节 pH 值,所得结果见图 4-1-23。由此清楚地反映出反应性随 pH 值的变化情况,这两个变量的商 $\frac{\Delta\rho}{\Delta pH}$ 称之为反应性的 pH 系数。

任何堆芯进行换料时,卸出燃料中尚留有一定的反应性余额,不能充分利用。反应性余额越小,燃料利用率就越高。既然提高冷却剂 pH 值能够提高反应性,也就意味着能够使其反应性亏损值降低。表 4-1-17 为杨基类型核电厂反应性亏损值与冷却剂碱性的关系。将反应性的 pH 值效应运用到反应堆的长期燃耗控制中,可以进一步改善燃料的经济性。

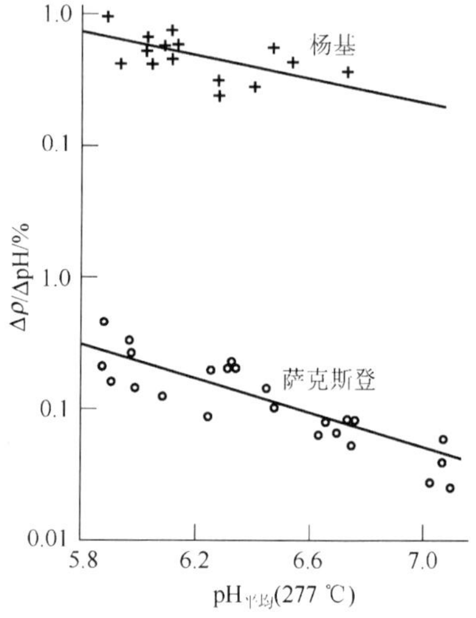

图 4-1-23 反应性的 pH 系数

表 4-1-17 反应堆亏损与冷却剂碱性的关系

冷却剂碱性添加物	反应性亏损/%
无	0.8
NH_3(11 mg/L)	0.33
强碱(10^{-4} mol/L)	0.13

4.1.4 一回路冷却剂的净化

4.1.4.1 冷却剂净化的重要性

压水堆一回路冷却剂尽管在进入回路系统前,经过净化处理,但由于冷却剂的浸润面积大,腐蚀、磨蚀产物的量是相当可观的。冷却剂在完成传热功能的同时,把堆芯形成的放射性,特别是活化的腐蚀产物载带到了回路各个部位,形成了堆芯外的辐射场,若不及时处理,有害物质将随冷却剂循环运动,或沉积在系统设备上,或阻塞管路,不仅使之导热性能下降,严重时会导致事故发生,为保证反应堆安全运行,必须对核电站各系统的水进行连续或间歇的处理,使之达到水质指标的要求,为保证各系统设备和结构的完整性,使冷却剂最大限度地重复使用,冷却剂的净化是十分重要的。

4.1.4.2　水净化的方法

(1) 蒸发法

此法是基于溶剂和溶质在溶液沸腾温度下,蒸汽分压不同的原理,通过加热使蒸发器里的水沸腾、汽化,经冷凝转化为较为纯净的水再复用。此法适于处理放射性强,杂质含量高的废水。其缺点是成本高,效率低。

(2) 过滤法

1) 过滤法

此法是利用一种多孔材料作为过滤介质,水从孔眼中通过,将其所含悬浮物截留,或截留在过滤介质的表面或截留在滤层的内部。此法广泛地用来除去堆水的各种固体悬浮物、颗粒物及破碎的树脂等。

2) 机械过滤

① 高温过滤器

早期应用的高温过滤设备是由抗腐蚀的惰性陶瓷材料所构成的,也曾采用多层不锈钢网过滤器,虽能有效地除去悬浮的颗粒,但试验结果表明,在过滤器上有一层淤渣,淤渣颗粒的平均直径为 0.3～0.5 μm。另外应用一种磁过滤器。

磁过滤器是利用磁吸引作用将水中铁磁性杂质分离和去除的一种方法。曾研究过永久性磁铁,但它的磁性会随冷却剂温度的升高不断下降;近年也有采用电磁过滤器,其内装铁素体钢小球,在直流电场下,小钢球均成为小磁性体,在一定条件下,过滤效率通常是 97%,有时高达 99.5%,到一定时候,过滤效率会下降。在用水作冷却剂的高温高压回路中,腐蚀产物 85%以上是磁性 Fe_3O_4。Fe_3O_4 系 FeO 和 Fe_2O_3 两种氧化物的复合物,Fe 被 Cu、Ni、Mn、Co、Cr 等置换后的复合体悬浮物仍然带有磁性。磁过滤器已在动力回路的水处理工艺中得到了广泛应用。现正研究高温磁性过滤器。

② 低温过滤器

目前广泛应用于压水堆水处理系统的是低温(小于 60 ℃)过滤器。一般由不锈钢环、不锈钢网或高分子聚合物有孔纤维板所组成,化学和容积控制系统净化柱后的过滤器就属此类,可除去交换柱出水中的小颗粒物和粉碎的离子交换树脂。

(3) 电渗析和反渗透

电渗析和反渗透都是隔膜分离技术。

1) 电渗析

是利用离子交换膜对水中的阴阳离子具有选择性透过的特性,即在渗透膜的两侧放置两块极并通以直流电,使水中的阳离子通过阳膜向阴极方向迁移,阴离子通过阴膜向阳极方向迁移,从而达到去除水中离子性杂质的目的。由此可见,渗析膜和反渗透是不同的,它是不透水的。按透过离子的不同可分为阳膜、阴膜和两性膜。主要问题是不易制得高纯水,因为水越纯,电阻越大、耗电越多、易引起膜的极化现象。在制备纯水时,多用作初级处理。

2) 反渗透

渗透　溶剂通过半透膜进入溶液,或溶剂从稀溶液透过半透膜进入浓溶液的现象,叫做渗透,使渗透停止时的压力叫做渗透压。

反渗透　反渗透是渗透的逆过程,是利用压力作用使水从浓溶液透过半透膜进入稀溶液，从而将水中的物质分离出去。此法不同于过滤，不仅截留不溶解的颗粒，还除去可溶性的盐类、分子和离子，并随着物质的分离，产生浓度梯度，或出现反方向扩散；还不同于蒸发，没有相变；无需传热设备；易除去蒸发难以去除的易起泡的有机物。反渗透技术在海水淡化、废水处理、锅炉水预处理、溶液的浓缩等方面获得广泛应用。见图 4-1-24。

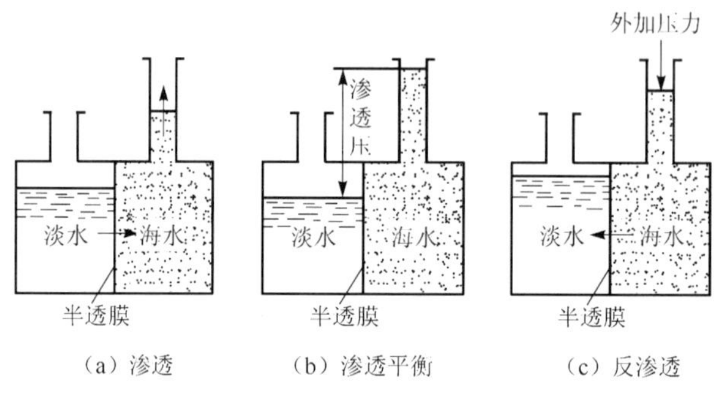

图 4-1-24 渗透和反渗透原理示意图

（4）离子交换技术的应用将专门介绍。

4.1.4.3 离子交换树脂的性能及特点

（1）离子交换树脂的结构及交换基团

1）离子交换树脂

凡是有离子交换能力的物质，均称为离子交换剂，离子交换剂分为无机和有机的两种。无机离子交换剂只有阳离子交换剂，只进行表面交换，交换能力低。有机离子交换剂分为碳质和有机合成离子交换剂两种。有机合成离子交换剂是一种带有交换基团的能交换离子的高分子化合物，又称离子交换树脂。

2）离子交换树脂的结构

离子交换树脂是由交换剂本体和交换基团（又称官能团）组成。

交换剂本体 它是高分子化合物与交联剂组成的高分子共聚物。交联剂主要是使高分子化合物成为固体，并使其成网状。

由式(4-1-47)可见，最常用的有机合成离子交换树脂的本体（又称骨架）系由苯乙烯与二乙烯苯聚合而成的高分子化合物。这是一种三度空间的网状结构聚合体，其中聚苯乙烯的长链被二乙烯苯“交联”成一个整体，聚合物中二乙烯苯的百分含量称为交联度。一般商品树脂的交联度为8%～10%。交联度对树脂的物理化学性质和交换容量有显著影响。向聚合体骨架上引进各种基团，就可以得到不同性能的离子交换树脂。

交换基团 它是由能起交换作用的并与交换剂本体连接在一起的阴、阳离子组成的。如果将离子交换树脂的本体，也就是骨架写作 R，那么强酸性阳离子交换树脂(RSO_3H)的交换基团是磺酸基($-SO_3H$)，并且只有 H^+ 是游离的阳离子参与交换；而强碱性阴离子交换树脂则是季铵型(R_4NOH)的，其季铵型交换基团中只有 OH^- 离子参与交换，见下列简式：

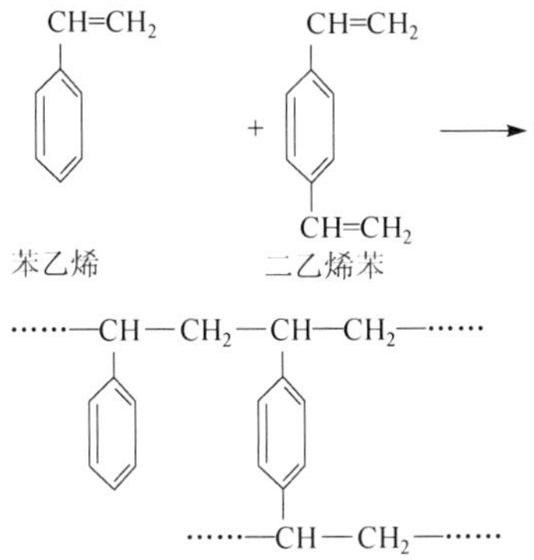

$CH{=}CH_2$　　　$CH{=}CH_2$

（苯环） + （苯环） ⟶

　　　　　　$CH{=}CH_2$

苯乙烯　　　二乙烯苯

$$\cdots\cdots-CH-CH_2-CH-CH_2-\cdots\cdots$$

（苯环）　（苯环）

$$\cdots\cdots-CH-CH_2-\cdots\cdots$$

(4-1-43)

阳树脂　　$RSO_3H + NaCl \rightleftharpoons RSO_3Na + HCl$　　(4-1-44)

阴树脂　　$R_4NOH + NaCl \rightleftharpoons R_4NCl + NaOH$　　(4-1-45)

3）离子交换树脂的种类

常用的离子交换树脂按形态分类，有凝胶型和大孔型，各型又分为强酸性、中强酸性和弱酸性；强碱性、中强碱性和弱碱性，表 4-1-18 列出了强酸性、弱酸性和强碱性、弱碱性离子交换树脂的官能团型式。在水冷堆的纯水生产中多采用凝胶型强酸性和强碱性树脂。另有一种螯合型树脂用于制碱工业，这里不讨论。

表 4-1-18　国产离子交换树脂的种类

分类 / 分性 / 分项	凝胶型树脂				大孔型树脂			
	阳树脂		阴树脂		阳树脂		阴树脂	
	强酸性	弱酸性	强碱性	弱碱性	强酸性	弱酸性	强碱性	弱碱性
官能团	$-SO_3H$	$-COOH$	$\equiv N=$	$-NH_2=HN$	$-SO_3H$	$-COOH$	$\equiv N=$	$\equiv N$
常用型号	732	725	717	701	D001	D113	D201	D301

(2) 离子交换树脂的物理性能

1）外形和颗粒度

离子交换树脂是一种半透明的球状物质，颜色有白、黄、黑和赤褐数种。一般说来，树脂的颜色与性能关系不大。在使用过程中，随着树脂渐趋饱和，颜色往往逐渐加深。树脂颗粒大小对树脂的交换能力、净化效率、水流通过树脂层的压力降以及水流分布的均匀程度都有一定影响。树脂颗粒越小，离子在其内的扩散路程越短，交换过程就越迅速，越充分。但颗粒过小将引起树脂床压降剧增，逆洗时容易流失。常用树脂的粒度在 16～50 目之间，相应的颗粒直径为 1.2～0.3 mm。

2）密度

树脂在干燥状态下的真实密度称为干真密度，其值在 1.6 g/cm^3 左右。干真密度的实用意义不大。树脂在水中充分膨胀后的密度称为湿真密度，其值为 1.04～1.3 g/cm^3。阳离子交换树脂的密度较阴离子交换树脂大，因而混合离子交换床再生时，阳、阴树脂能得以分开。湿真密度决定了逆洗时树脂层为达到一定的松散程度所需的水流速度。实际操作时经常使用视密度这个概念，即业已在水中充分膨胀的树脂在交换柱中的装填密实程度：

$$\text{视密度} = \frac{\text{湿树脂质量}}{\text{树脂层体积}} \tag{4-1-46}$$

此值在 0.6～0.85 g/cm^3，常用来计算充填一定容积交换柱所需的湿树脂量。

3）溶胀性和含水率

树脂一经浸入水中，水即扩散到树脂网状结构的空隙中，这时交换基团发生离解，形成水合离子，使树脂交联网孔增大，这种现象称为树脂的溶胀，常用溶胀率（溶胀前后树脂层体积变化的百分比）量度。若将干燥树脂直接浸入水中，溶胀过程的应力往往会使树脂崩裂。为此，通常树脂总要保持一定水分，一般在 50%左右。包装破坏或储藏条件改变都能使树脂含水率发生变化，因此含水率也是鉴定树脂性能的指标之一。树脂溶胀和含水率均与交联度有关，交联度越大，溶胀性越小，含水率越低。树脂的溶胀性还与交换基团和交换离子的特性有关。交换基团的电离度越大，或交换离子的水合度以及水合离子的半径越大，树脂的溶胀率也越高。强酸性阳离子交换树脂在进行离子交换时溶胀率的大小顺序为：

$$H^+ > Li^+ > Na^+ > NH_4^+ > K^+$$

而强碱性阴离子交换树脂在进行离子交换时溶胀率的顺序为：

$$OH^- > HCO_3^- \cong CO_4^{2-} > SO_4^{2-} > Cl^- > NO_3^-$$

强碱性树脂在转型或离子交换过程中体积的变化可达 5%～20%，树脂的溶胀和收缩在树脂预处理时有利于其内部杂质的洗脱。

4）热稳定性和机械强度

温度对树脂机械强度和交换容量有很大影响，温度过高易使交换基团分解，温度过低树脂的强度降低。当水温达到零度时，其内部水分的冻结能将树脂胀裂，因此不可将树脂存放在冰点温度以下。阳离子交换树脂耐热性较阴离子交换树脂好。而盐型树脂又较游离酸（或碱）型树脂为好。国产 732 强酸性阳离子交换树脂的使用温度可达 110 ℃，而 717 强碱阴离子交换树脂不宜超过 60 ℃。

树脂的机械强度与交联度有关，交联度越大，机械强度越好。在实际操作条件下树脂会磨损破碎，年损耗率一般为 3%～7%。为防止破碎树脂颗粒随冷却剂流进堆芯，在压水堆一回路冷却剂净化树脂床后，设有高效率过滤器。

（3）离子交换机理

1）离子交换过程

若将含有 $B^\pm$ 离子的溶液在一定的温度下、以一定的速度通过结构为 $R-A^\pm$ 型树脂床，并测量进、出口溶液浓度的变化，$B^\pm$ 离子能被相当彻底地去除，以后树脂逐渐饱和，交换能力下降，直至完全失效。这一离子交换过程可用下面方程表示：

离子交换过程大致包括以下几个阶段（见图 4-1-25）。

$$R-A^\pm + B^\pm \rightleftharpoons R-B^\pm + A^\pm \tag{4-1-47}$$

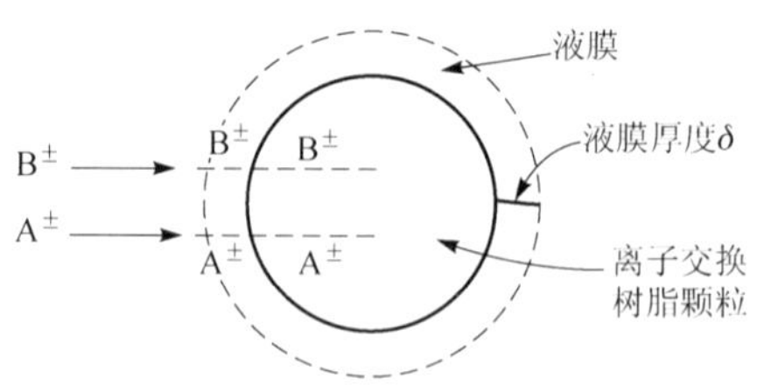

图 4-1-25　离子交换过程

① $B^{\pm}$离子由溶液向树脂表面扩散；

② $B^{\pm}$离子从树脂表面液膜向树脂颗粒内部扩散；

③ 交换基近旁的$B^{\pm}$离子与$A^{\pm}$离子的交换反应；

④ 被置换下来的$A^{\pm}$离子由树脂内部向外扩散；

⑤ $A^{\pm}$离子通过树脂表面液膜向溶液中扩散。

离子交换过程的速度受上述过程中最慢一步所制约。由于化学反应速度很快，所以离子交换过程的速度主要取决于离子在液膜或树脂颗粒中的扩散速度。其中颗粒扩散随树脂温度、孔隙度及表面积的增加而提高，而液膜扩散速度则随膜的浓度梯度和扩散面积的增大而变大。

2）离子交换树脂的交换容量

离子交换树脂的交换容量系指单位体积或质(重)量树脂能够交换的离子量。在树脂网状结构中，交换基团的密度越高，交换容量就越大，而前者又受交联度影响，交联度大的树脂交换容量偏低。交换容量表示如下：

① 总交换容量

总交换容量，指交换剂本身可被交换的活性基团的数量。此值仅与交换剂本身的组成有关，与外界溶液条件无关。

② 工作交换容量

工作交换容量，又叫穿透容量，指离子交换柱在工作过程中，当流出液中开始出现被交换的离子时，交换剂所达到的交换容量。这是实际运行中所利用的交换容量。

工作交换容量除了与交换过程的物理化学条件有关外，还取决于出水的水质要求。出水水质越高，工作交换容量越低。但离子交换树脂的穿透曲线一般都较陡，降低出水要求并不能显著提高工作交换容量。工作交换容量与总交换容量之比称为离子交换树脂的利用率。

③ 交换容量的测定

对于强酸性和强碱性离子交换树脂可用定量分析中的容量法测定，也就是酸碱滴定法，它可迅速地给出测试结果。弱酸弱碱性树脂交换容量另有测定方法。

④ 交换容量的表示法

交换容量是指单位质量干树脂或单位体积湿树脂所能交换的离子量，按现行的法定计量单位质量和分析工作的习惯，交换容量的单位分为：

质(重)量交换容量，为毫摩[尔]每克(干树脂)，写作 mmol/g(干)。

体积交换容量，为毫摩[尔]每升(或每毫升)(湿树脂)，写作 mmol/L(or ml)。

3）离子交换树脂的选择性

离子交换过程可以看做是：溶解的化合物和不溶解的树脂两者之间的化学置换反应，离子交换又可认为是两种以上离子性物质之间相互交换的过程，是一种物质的运动，一般是指水溶液中通过树脂所发生的固一液间离子交换过程。对于多种电解质来说，是由于各种离子对树脂的亲和力不同而发生分层；归纳起来，可以得到如下一些规律。

① 离子电荷

在低浓度水溶液中，交换离子的电荷越大，越易被树脂吸附。

对阳离子有下列顺序：

$$Th^{4+} > Al^{3+} > Ca^{2+} > Na^{+}$$

阴离子则有：

$$PO_4^{3-} > SO_4^{2-} > NO_3^{-}$$

但在高浓度水溶液中，选择性差别缩小。高浓度的低价离子往往具有较高的交换“势”，这就是树脂的再生原理。

② 离子半径与水合作用

低浓度水溶液中，相同电荷的离子，水合半径越小，或离子的水合能越小，就越容易被交换吸附。通常，原子序数越大，水合能越小，因此有如下选择性吸附顺序：

$$Cs^{+} > Rb^{+} > K^{+} > Na^{+} > Li^{+}$$

$$Ra^{2+} > Ba^{2+} > Sr^{2+} > Ca^{2+} > Mg^{2+} > Be^{+}$$

$$I^{-} > Br^{-} > Cl^{-} > F^{-}$$

但随着温度或浓度增高，同价离子交换“势”的差别逐渐缩小，甚至出现反常。因此，欲分离的溶液浓度不宜太高，但树脂再生溶液的浓度却应稍高些。各种离子的相对交换“势”可以用其活度系数衡量，活度系数越高，交换“势”也越大。

(4) 离子交换的净化效率和去污因子

为衡量离子交换树脂床（以下简称树脂床）的功效，引进净化效率和去污因子的概念。

净化效率 η 定义为：流经树脂床后溶液中核素被去除的份额。常用百分数表示：

$$\eta = \frac{C_1 - C_2}{C_1} \times 100\% \tag{4-1-48}$$

式中，C_1 和 C_2 分别为树脂床进出口溶液核素浓度，或进出口料液的比放放射性。

去污因子又叫去污系数：DF 定义为树脂床进出口料液中特定核素的浓度或放射强度之比：

$$\mathrm{DF} = \frac{C_1}{C_2} \tag{4-1-49}$$

实际上，离子交换过程是一个非稳态过程，因而上述定义又可分为瞬时值和平均值。瞬时 DF，即任一时刻料液进出口浓度的变化关系，可以衡量树脂的饱和程度。若将原始料液浓度 C_1 与树脂床出口料液的平均浓度 $\bar{C}_2$ 进行比较，即可得到平均去污因子 $\overline{\mathrm{DF}}$：

$$\overline{\mathrm{DF}} = \frac{C_1}{\bar{C}_2} \tag{4-1-50}$$

显然，用瞬时去污因子确定树脂床的工作期限比较方便，而平均去污因子则是对离子交换系统去污效果总的评价。虽然人们常用 DF 表示离子交换系统的性能，但在核电厂中它不是决定树脂更换的主要因素，而决定因素往往是树脂床的辐射水平或压降。为操作方便，常安排在电厂换料或检修期间进行树脂的更换。

4.1.4.4 核级离子交换树脂

(1) 放射性水处理的离子交换树脂

① 放射性水处理对水质要求高，无论从补给水的纯度或废水处理时的放射性去除程度考虑，都必须采用强酸（碱）性树脂。因为这类树脂交换速度快，交换能力强，对选择性的离子，如硅酸根、铯离子等的去除效果比弱酸（碱）性树脂强许多。

② 对 pH 值的变化不敏感，在压水堆运行过程中，冷却剂硼酸浓度变化很大，pH 值也

随之变化。而弱酸(碱)性树脂电离度小,对 pH 值的变化很敏感,特别在中性溶液中交换容量很低,所以不够理想;相反,强酸(碱)性树脂在很宽的 pH 值范围内都具有良好的离子交换作用。

③ 稳定性好,强酸(碱)性树脂的耐热性、耐辐照性,都较弱酸(碱)性树脂为佳。然而,强酸(碱)性树脂交换容量较弱酸(碱)性树脂稍低,不如后者容易再生,是其不足之处。因为放射性树脂再生时,废液处理十分困难,很不经济;又因核电厂一回路水的化学纯度很高,进入树脂床前一般都经过过滤或蒸发等预处理,树脂的运行周期又相当长,所以树脂失效后即作废物处理。这在一定程度上弥补强酸(碱)性树脂的缺陷。用于放射性水处理的离子交换树脂通常都是强酸或强碱性树脂。压水堆一回路的水处理也同样如此。

(2) 核级离子交换树脂的规格

普通商品树脂含有少量有机或无机杂质,如磺酸、铵、铜、铁、铅等。当树脂与水接触时,这些杂质可能释出影响水质。普通商品离子交换树脂不宜于直接应用,必须先进行一些预处理,使其符合表 4-1-19 中推荐的核级树脂规格。

表 4-1-19　核级树脂规格

树脂	交换容量/(mmol/g)	转换率/%	杂质含量/(mg/L)	(20 世纪 90 年代后)	粒度/mm	溶解度/($g/100\ gH_2O$)
阳	>4.5	H^+>95	Fe<200	(100)	1.2～0.3,0.3 mm 以下的细粒小于 0.5%	干树脂在热水中溶解度不大于 0.1
			Cu<100	(50)		
			Pb<100	(50)		
			Na<100	(50)		
阴	>3	OH^->80	Fe<200	(100)		
		Cl^-<5	Cu<100	(50)		
		CO_3^{2-}<15	Pb<100	(50)		

核级树脂结构上与普通工业树脂基本相同,但其杂质含量,特别是可溶解的有机物含量较低,颗粒均匀度和转型率稍高。阴离子交换树脂的残余含氯量是一个重要的质量指标,曾经发现在核电厂冷却与停堆期间,净化系统离子交换树脂中的残余氯被洗涤下来的情况,以致必须重新更换树脂。图 4-1-26 表示树脂含量与氯离子释放率的关系。

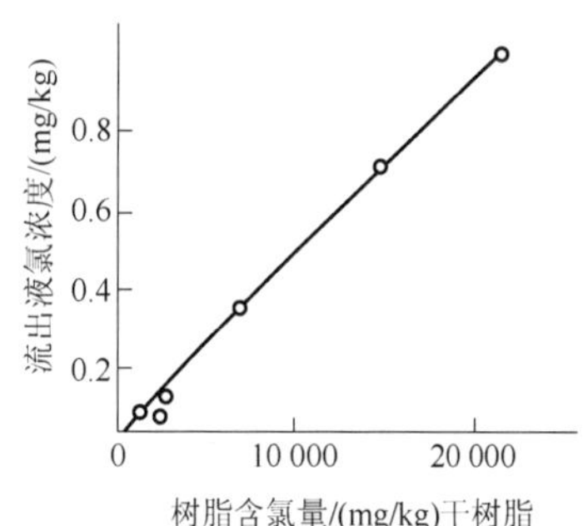

图 4-1-26　树脂含氯量与释放率的关系

为防止上述现象发生,应使强酸、碱性树脂具备一定的去除氯离子能力,目前国外核级树脂的含氯量在 7.0×10～7.2×10^3 mg/L 的范围内。

(3) 核级树脂的预处理和转型

1) 预处理　预处理的目的:商品树脂含有各种杂质,如直接使用,当树脂与水接触时,各种杂质会释放出来影响水质，核电厂用水对水质要求很高，普通商品树脂不宜直接使用，必须进行预处理，以利于提高水质。具体操作：先将商品树脂过筛，并在氯化钠溶液中浸泡一定时间后，移入离子交换柱，再分别用酸、碱溶液淋洗。氯化钠溶液有助于去除树脂中机械杂质，而且对以后酸、碱处理过程中树脂的膨胀起缓冲作用。碱洗的目的在于去除树脂中有机杂质，酸洗可以去除树脂中高价重金属（如 Fe、Pb 等）。酸碱交替淋洗过程中，树脂体积的胀缩有助于杂质的释出。酸、碱淋洗液浓度一般为 1 mol/L。每次经酸或碱处理后均需要用去离子水将树脂洗涤干净。

2）转型

国产阳树脂出厂商品一般为钠型，阴树脂为氯型，不能直接作为冷却剂净化之用。通常阳树脂应转为 H 型，但当冷却剂含有 pH 控制剂时，则应转为相应的控制剂型式，如用 $^{7}LiOH$ 作为 pH 控制剂，应转为锂型；用 NH_4OH 时，则应转为铵型等。这样，当冷却剂通过时，其中 pH 控制剂就不会被截留，而且树脂在去除杂质离子的同时会放出相应的 pH 控制剂的碱离子，维持 pH 控制剂的平衡。同样，阴离子交换树脂则应由氯型转为 OH 型，运行过程中阴树脂能够吸附冷却剂中硼酸，逐渐转变成硼酸型。

① 氢型与氢氧型树脂的动态转型

经上述预处理的阳、阴树脂，可分别用酸或碱转化为氢型或氢氧型。所用试剂应好于分析纯。根据树脂转型的机理，阳树脂可选用三大强酸（HCl、HNO_3 或 H_2SO_4）中任一种，其中盐酸（HCl）除铁效果好，但氯离子不易洗去，尤其是入堆的树脂。为使树脂转型后尽可能少的引进氯离子和硫酸根离子，推荐阳树脂选用 1 mol/L HNO_3 作为转型试剂，并且阳离子杂质与硝酸成盐易冲洗干净。阴树脂最好先用 0.25 mol/L 的碳酸钠或 0.5 mol/L 碳酸氢钠处理，用去离子水淋洗合格后，再通以氢氧化钠，转型率可达 80% 以上，见表 4-1-20，以 0.5 mol/L $NaHCO_3$ 和 1 mol/L NaOH 转型的树脂含氯量最低。

表 4-1-20　717# 强碱性阴树脂转型率

转型试剂	CO_3^{2-}/%	OH^-/%	Cl^-/%
1 mol/L NaOH	4.5	60.8	34.7
0.25 mol/L Na_2CO_3 和 1 mol/L NaOH	7.5	88.2	4.3
0.5 mol/L $NaHCO_3$ 和 1 mol/L NaOH	9.5	88.0	2.5

阴树脂在用 NaOH 溶液转型后期，应当适当降低其浓度（0.1 mol/L），以利于硅酸、碳酸等弱酸性离子的交换，使之获得较高的转型率。阳、阴树脂转型流速不宜太快，一般为 1～2 个床体积每小时或 1～3 m/h。转型后需用电导率小于 10 μS/cm 的去离子水充分洗涤。阳树脂洗至弱酸性，阴树脂洗至流出液的 pH 值小于 9.0。按上述方法预处理和动态转型后的国产树脂完全可以达到表 4-1-19 的核级树脂规格。甚至低于表中的数值。氢氧型树脂易吸收空气中二氧化碳。例如，将刚转型完毕的氢氧型树脂在空气中放置数天后，OH^- 所占的比例即由 93% 下降至 50% 左右，CO_3^{2-} 由 6% 上升到 50%。所以这类树脂转型完毕，若不立即使用，应置于惰性气氛下保存，或使用前再用 NaOH 溶液处理一下。

② 锂型或铵型树脂的静态转型

将转型完毕的氢型树脂直接用 0.1～0.2 mol/L 的氢氧化锂溶液转成锂型，转型率可达

99%，所以不必采用动态转型工艺。为减少堆内氚的产生量，转型用 LiOH 试剂中的^{7}Li，丰度应在 99%以上。转型后用去离子水漂洗至洗出液 Li 浓度小于 50 mg/L。铵型树脂的转型方法与此类似。

国内外核级树脂业已商品化，备有多种品种，如氢型、锂型、铵型、氢氧型等。这些树脂出厂时，杂质含量基本符合核级要求，使用前需作复检或简单处理。

4.1.4.5 纯水的制备

(1) 对纯水的认识

在工业上，水的“纯”与“不纯”或“水的纯度”主要是指水中各种导电介质（即水中各种盐类的阳、阴离子）和水中所含溶解气体及挥发性物质等非导电介质含量的大小，是相对而言的。在生产应用中，用来表示水的纯度的主要指标，是水中含盐量的多少，而水中含盐量的测定较为复杂，通常用水的电导率或电阻率（二者互为倒数）来间接表示。随着科学技术的发展，纯水的制取技术有了很大的提高。纯水的纯度最高可达七个九，水的电导率为 0.056 μS/cm（25℃），电阻率已达 18×10^{6} Ω·cm 以上，即使如此，高纯水中依然可能存在 0.01 mg/L 的杂质离子。

(2) 在水处理中，通常分为软化水（见本书 1.1 节）、除盐水或纯水及高纯水等。

除盐水　一般指将水中易于除去的强电解质去除或减至一定程度。

深度除盐水　又称纯水或去离子水，一般指既除去水中强电解质，又除去硅酸及二氧化碳等弱电解质至一定程度。

高纯水　又称超纯水，一般指既除去了水中的强电解质，又除去了水中不离解的胶体物质、气体及有机物质至很低的水平。以上三种类型的水质性能数据见表 4-1-21。

制备纯水的方法很多，但全世界范围内，较普遍的采用离子交换法。通常，当原水含盐量在 1 g /L 以下时，选用此法最合适。当然有些情况需要用蒸馏法。

表 4-1-21　各类纯水的性能数据(25℃)

分项 分类	含盐量/(mg/L)	电导率/(μS/cm)	电阻率/(Ω cm)
除盐水	5～1	10～1	1×10^{5}～1×10^{6}
深度除盐水（纯水）	<1.0	1～0.1	1×10^{6}～1×10^{7}
高纯水	<0.1	0.056	18×10^{6}

(3) 除盐水（包括各类纯水）的制备

压水堆核电厂设制水车间（或称水厂），生产的除盐水（或称去离子水）可供一、二回路给水的需要。其处理工艺大体上与常规电厂的相同。纯水制备与水的软化不同，水的软化主要是降低其硬度，仅需去除钙、镁离子等引起硬度的物质即可，软化过程中水的总含盐量并未降低。因此，可以使用盐型树脂。除盐水的制备，选用的树脂是游离型强酸性阳离子交换树脂和强碱性阴离子交换树脂，也有核电厂应用部分弱碱性阴离子交换树脂。其生产过程如下。

① 原水预处理

压水堆核电厂除盐水生产系统处理的是来自水库或者河水、湖水的原水或称生水。原水预处理功能是除去水中的悬浮固体和有机物质，向除盐水生产系统提供水源，并向厂区提供饮用水和消防用水。

经过粗滤网过滤后的原水进入预处理系统。原水预处理的方法很多，主要有混凝、澄清、过滤等等。处理后的生水送到除盐水生产系统。

混凝：利用铁盐、铝盐、高分子等混凝剂，与水中的杂质通过絮凝作用生成大颗粒沉淀物，然后通过其他设备，如澄清池、过滤池除去。以絮凝剂氯化铁为例，其反应式为：

$$2FeCl_3 + 3Ca(HCO_3)_2 \longrightarrow 3CaCl_2 \downarrow + 2Fe(OH)_3 \downarrow + 6CO_2 \tag{4-1-51}$$

$$CO_2 + NaOH \longrightarrow NaHCO_3 \tag{4-1-52}$$

澄清：通过混凝剂作用而形成的大颗粒沉淀物在澄清池内分离，除去沉淀物，得到澄清水。

过滤：通过石英砂等过滤材料，进一步截留水中杂质，一般有砂滤池、炭滤池等。

消毒：加入次氯酸钠、漂白粉等杀菌剂来杀灭水中的微生物。在供饮用水之前必须经过杀菌。

② 除盐处理

经过预处理后的生水，利用泵将过滤水供应给除盐水生产线，经除盐处理后供一、二回路及其他各辅助系统用。

除盐工艺有传统的离子交换除盐和膜分离除盐处理。也有将离子交换和膜分离法结合起来的。不同的核电厂采用的除盐工艺不尽相同。下面主要介绍常见的离子交换除盐工艺。

化学除盐（阳床一阴床一混床系列）：为保证出水水质，通常采用二级除盐流程，即经预处理后的生水通过阳树脂床和阴树脂床进行一级除盐后，还需通过第二级除盐装置一混合离子交换床（简称混床）或复床。二级除盐是目前制取纯水和高纯水中应用最为广泛的一种方法。其优点是出水水质高，操作稳定，工作周期长。

在纯水制取过程中，当树脂达到饱和（或失效）后，需进行再生，即需将已交换上去的杂质离子洗脱，并代之以新的 H^+ 或 OH^- 可交换的离子，使之重新获得离子交换能力。常用的再生方法是化学药剂法，又称酸、碱再生法。再生实际上是杂质离子交换过程的逆过程，如阳、阴离子交换树脂的再生反应为：

$$RSO_3M^* + HNO_3 \longrightarrow RSO_3H + M^*NO_3 \tag{4-1-53}$$

$$R_4NY + NaOH \longrightarrow R_4NOH + NaY \tag{4-1-54}$$

式中，M^* ——为交换到树脂上的一价阳离子杂质；

Y——为交换到树脂上的一价阴离子。

根据离子交换平衡的原理，增大酸或碱的浓度，平衡向右移动，并且在浓溶液中各种离子的选择吸附性差异变小，有利于再生反应的进行。再生效果与再生剂耗量、流速、温度等因素有关。

离子交换树脂在长期的循环使用中，再生是关键。阳树脂床和阴树脂床的再生比较简单，而混合离子交换树脂床则要求将阴阳树脂分开，在方式上分为柱内再生法和外移再生法，柱内再生法又分为：碱液同时流经阴阳树脂和酸碱分别流经阴阳树脂两种，后者适用在大型设备中。外移再生法（或称混合床阴树脂外移再生法），即阴阳树脂分层后，借水力将阴树脂送入专用再生柱内，用酸或碱分别同法再生。再生后，再将阴树脂用水力送回混合离子交换树脂床中，阴阳树脂混合后再用。此法的优点是提高再生的效率并保证出水质量。对于水质纯度要求较高的生产部门较为适合。

其他常见的除盐处理如膜处理＋离子交换，其工艺流程：生水—双滤料过滤器—超滤—反渗透—混床，也有采用其他组合方式的。

(4) 除盐水的供给

① 核岛除盐水分配系统

核岛除盐水分配系统向整个核电厂提供所有需用 pH 值为 7 的核级水质的除盐水，包括核岛、汽轮机厂房、核辅助厂房等等。

② 常规岛除盐水分配系统

常规岛除盐水分配系统的功能是贮存并分配 pH 值为 9 的除盐水至电厂各用水系统。具体地说，是在除盐水生产终点处加入 pH 调节剂（如氨水），将 pH 值由 7 提高到 9，送到指定厂房内除盐水储存箱备用。

4.1.4.6　冷却剂循环净化系统流程及各组成部分的功能

(1) 冷却剂循环净化系统流程

在冷却剂循环净化系统（见图 4-1-27）中，由反应堆高压回路引出的一股下泄流，经再生和下泄热交换器冷却（图中未画出）并降压后，顺次通过前置过滤器、混合床离子交换器，必要时通过除锂和除硼离子交换器，再通过后置过滤器，经喷嘴雾化后喷入容积控制箱，最后再经泵加压，通过再生热交换器的被加热侧升温补入主回路。通常，净化流量选择主回路流量的 0.1%，对一座百万千瓦级的压水堆来说，流量约在 10～20 t/h，可使所有的冷却剂能在一天内得到 1～2 次净化。

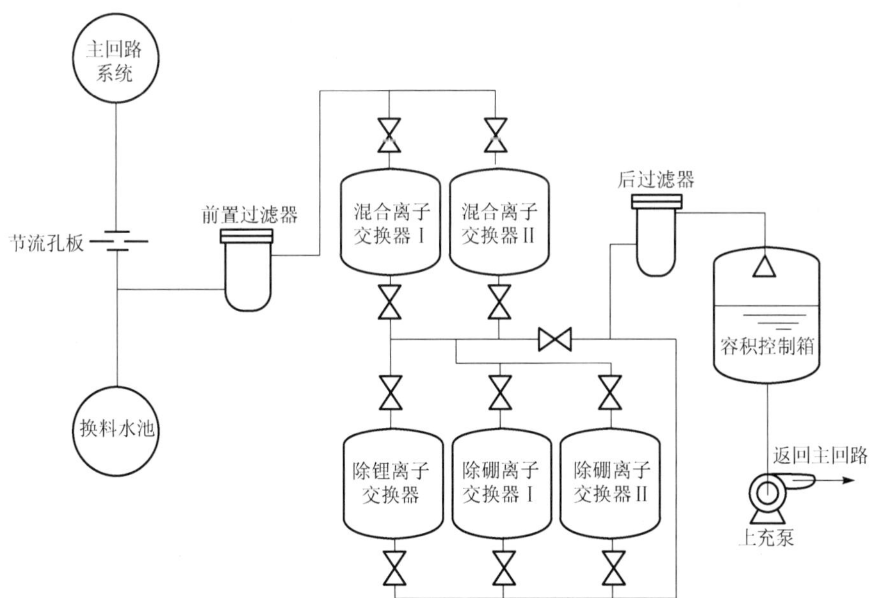

图 4-1-27　冷却剂循环净化系统原理流程图

（2）前过滤器

前置过滤器用以除去冷却剂中悬浮腐蚀产物颗粒，它在净化系统中发挥很大效用，有的电站曾发现一个过滤器截获的放射性物质，在器壁上可造成 2.58×10^{-1} C/(kg·h)的剂量率，由此认为前置过滤器是不可少的。

（3）锂型和硼酸型混合离子交换器

混合离子交换器用于去除可溶性裂变产物和腐蚀产物。目前，大多数压水堆都用 LiOH 作为冷却剂的 pH 控制剂，所以混床内阳树脂需转成锂型，而以氢氧型充入床内的阴树脂一般在投运前用冷却剂中的硼酸转换成硼酸型。试验和运行经验表明，锂一硼酸型混床的净化效果对铯以外各种离子的交换情况令人满意。其中对腐蚀产物 Ni^{2+}、Cr^{3+}、Fe^{2+} 以及 I 的去污因子可以达到数百以上。表 4-1-22 为萨克斯登反应堆的实际运行结果。现代压水堆冷却剂中都加入硼酸作为反应性补偿控制手段，这就要求净化系统的离子交换树脂在吸附杂质的同时，不改变冷却剂中硼和 pH 控制剂的含量。因此，混合离子交换器必须采用硼酸型阴离子树脂以及和 pH 控制剂相应的阳离子交换树脂（如锂型阳离子树脂）。这些树脂对大多数可溶性杂质离子有很好的交换作用，但对若干阳离子，特别是 Mo、Y、Cs 的去除效果却显著下降。

表 4-1-22　锂一硼酸型混床的净化效率

核　素	去污因子
^{131}I	100
^{137}Cs	7
^{58}Co	9×10^{3}
^{60}Co	1×10^{3}

试验证明混床对铯离子去除效率不高。如将含有 Cs^{+}、Co^{2+}、Ni^{2+}、Mn^{2+}、Cl^{-}、I^{-} 等微量元素（浓度均在 1 mg/L 以下）的硼酸（1×10^{3} mg/L）一氢氧化锂（2 mg/L）溶液通过这类混床，就会发现，初期吸附在树脂上的 Cs^{+} 逐渐被交换势更强的其他金属离子取代，由于树脂的色层浓缩作用，以致在某一时刻树脂床出口处 Cs^{+} 的浓度甚至超过进口处，铯的穿透曲线出现一个峰值。当去污因子为 1 时（即进出口处铯的浓度相等），树脂对铯的交换容量仅为 0.02～0.03 mmol/ml（湿树脂）。混床对 Co^{2+}、Mn^{2+}、Ni^{2+} 等两价金属离子的总交换容量为 1.4～1.6 mmol/ml（湿树脂），且随核素在溶液中浓度增高而增大。短寿命核素，即使是交换势很小的铯的同位素，由于树脂床的延迟作用能够提供相当长的衰变时间，因此显示了较大的表观去污因子。

混床对放射性的去污因子与冷却剂 pH 有关。杨基核电厂的混床，在冷却剂 pH 值为 10.5 时，去污因子达 300；当 pH 为 7 时，去污因子降到 100～200；而当 pH 为 4.5 时，去污因子仅为 5。

综上所述，锂一硼酸型树脂能有效地去除冷却剂中大多数放射性核素，但设计时考虑到辐照等原因，树脂的工作交换容量宜取理论值的 50%～70%，净化效率以 90%计（Cs 、Mo、Y 和惰性气体除外），以留有充分的余地。在一回路净化系统中，混床的使用周期很长，甚至连续运行几年无需更换,更换树脂的原因常常不是因为饱和,而是由于表面剂量过大或树脂层压降过高所致。

(4) 除锂和除硼离子交换器

冷却剂循环净化系统还备有两种离子交换器,一种是氢型阳离子树脂交换器,另一种是氢氧型阴离子交换器。它们的主要功能在于维持合适的冷却剂水质。

① 冷却剂除锂

反应堆运行过程中,由于$^{10}B(n,\alpha)^{7}Li$反应,以及金属杂质离子对阳树脂中 Li 的置换作用,冷却剂 Li 的浓度将逐渐增大。当锂的积累接近或超过其上限时,可启动氢型阳树脂床(除锂床)除去部分锂。另外在硼回收系统蒸发装置前设有氢型阳树脂床,以除去冷却剂中锂和净化回路混合离子交换床所不易除去的 Cs、Mo、Y 等元素离子。然而这些示踪量放射性元素的浓度远小于水中锂浓度,所以最终该床吸附的元素主要仍是锂。

氢型树脂与 Li^+ 的交换反应为:

$$RH + Li^+ \rightleftharpoons RLi + H^+ \tag{4-1-55}$$

$$K_H^{Li} = \frac{[RLi][H^+]}{[RH][Li^+]} \tag{4-1-56}$$

反应的选择系数 K_H^{Li}(式 4-1-56)约等于 0.8,若溶液中有硼酸存在,则因 pH 的变化将使反应式(4-1-55)向左移动。例如,当树脂已与一定浓度的锂溶液达到交换平衡后,若向该体系加入少量硼酸,则经过一定时间,溶液锂浓度略有提高。但当溶液硼浓度超过 800 mg/L时,它对 pH 的影响已不显著,树脂上锂的释放也基本趋于稳定。总的来说,硼酸对树脂除锂性能的影响并不大。国产 732# 型阳树脂的实验表明,即使硼浓度由 100 mg/L 增至 1.5×10^3 mg/L,树脂对锂的交换容量并没有多大变化,见表 4-1-23。而且,树脂对锂的交换容量也不受溶液锂浓度的影响,见表 4-1-24。

表 4-1-23 溶液硼浓度对树脂除锂性能的影响

硼浓度/(mg/L)	工作交换容量/(mmol/L)	饱和交换容量/(mmol/L)
100	1.6	1.8
500	1.6	1.7
1 000	1.6	1.7
1 500	1.6	1.7

表 4-1-24 溶液锂浓度对树脂除锂性能的影响

锂浓度/(mg/L)	工作交换容量/(mmol/L)	饱和交换容量/(mmol/L)
5.2	1.6	1.7
8.9	1.6	1.7
21	1.6	1.7
49	1.5	1.6
100	1.6	1.7

通常进入除锂床的冷却剂经过混合离子床的净化，其中交换势较大的高价金属离子(Fe^{2+}、Cr^{3+}、Ni^{2+}、Ba^{2+}、Sr^{2+}等)已被除去，不至于干扰除锂床对Cs、Mo、Y等离子的交换，因而除锂床对这些核素也有很好的去除效果。氢型阳树脂对Cs的去除无疑比锂型树脂更有效。在用硼酸作为可溶性中子吸收剂时，$^{10}B(n,\alpha)$反应将生成^{7}Li，在堆芯运行初期，^{7}Li的生成量相当大，需要适时地使净化流通过氢型阳树脂床，以除去冷却剂中多余的^{7}Li，以维持正常的锂浓度，故常将其称为除锂离子交换器，该离子交换器除了对锂有很好的吸附作用外，还能吸附锂型和硼酸型混合离子交换器所不易吸附的Mo、Y、Cs等。因此，必要时也可以用来提高冷却剂的净化深度。

② 冷却剂除硼

在反应堆运行前期，为补偿燃耗，通常冷却剂硼浓度用充排水的方法加以调节。但在燃料循环后期，若仍用此种调节方法将会产生大量废水。为此，该系统也设有OH^-型除硼离子床，当硼酸浓度较低(以B计小于100 mg B/L)时，启用OH^-型除硼离子交换器以去除冷却剂中的硼酸，更为经济合理。若冷却剂硼浓度为100 mg/L，则为去除1 m^3冷却剂中的硼，需要10 L湿树脂。除硼离子交换床失效后，可以再生。再生剂(NaOH)浓度越高，硼的洗脱率也越高，但洗涤水耗量也越大。实际操作时注意再生液浓度、流速和用量。

为什么在冷却剂中硼浓度较高时不用树脂除硼呢？有两个原因：其一是在较高的硼浓度下树脂极易饱和，再生树脂将产生大量难以处理的放射性废水。如果将一次饱和了的树脂当作固体废物抛弃，树脂的消耗量又太大。其二是树脂无论再生或是直接抛弃，吸附的硼酸都不能回收使用，这将造成每年数十吨的硼酸消耗。

(5) 后过滤器　后置过滤器的作用在于截留细碎树脂，以防漏入主回路。

4.1.4.7 化学和容积控制系统(参看本书附录中的附图1)

(1) 系统的功能

1) 保持反应堆主系统内合适的水容积，使稳压器按规定的水位一功率曲线变化。

2) 调节反应堆冷却剂中硼浓度，控制堆芯反应性。

3) 减少冷却剂中裂变产物和腐蚀产物等杂质的数量，使主系统的放射性在允许范围内。

4) 保持冷却剂内合适的腐蚀抑制剂的浓度，减少冷却剂对设备和管系的腐蚀。

5) 提供反应堆冷却剂泵的轴封水。

6) 对反应堆主系统充水和进行检漏试验。

7) 安全系统的补充，事故工况时，向反应堆主系统紧急注入含硼水和浓硼酸溶液。

8) 对稳压器进行辅助喷淋。

(2) 容积控制箱

容积控制箱的功能之一是承担反应堆从冷态到热态零功率启动过程中的最大温升速率和从热态零功率到冷停堆过程中的最大降温速率所引起的水容积的变化。变功率运行时，还承担负荷线性变化最大速率为±5%满功率每分钟的近40%的水容积变化。功能之二是当下泄流被雾化喷入容积控制箱上部空间时，部分裂变气体即会通过液滴表面扩散被除去。半衰期较短的裂变气体在容积控制箱滞留过程中很快衰变了；而长半衰期的核素(如^{85}Kr)，喷雾除气的效果被气体重新溶解抵消了许多。因此，喷雾除气对短半衰期的裂变气体效果较好，而对长半衰期的裂变气体较差。由此，提出了一种对容积控制箱上部空间扫气的方法，即在喷雾除气的同时，定期地用氢气吹扫容积控制箱气空间，将放射性裂变气体载带到废气处理系统压缩储存，待放射性衰变到一定程度后，载气再用来吹扫容积控制箱，计算表明，这样可使冷却剂中^{85}Kr的浓度降至原来的1/30。容积控制箱功能之三就是维持气相空间一定氢分压，使冷却剂中溶氢量在25～50 ml /kg H_2O (STP)范围内，只要堆的功率在1 MW以上，就可抑制冷却剂的辐射分解，使冷却剂中氧含量低至5 μg/L量级。

上述流程几乎已经成为现有压水堆化学和容积控制系统的规范流程。它的缺点在于，由于离子交换树脂工作温度的限制，必须将高温高压冷却剂降温降压，处理后再升温升压送回主回路。这就限制了净化流量不能选得太大。在流量较小的情况下，这一系统对短半衰期核素的去除就有限，对惰性气体的去除也不彻底。因而总的来说它对冷却剂放射性水平的降低并不显著。希平港反应堆的试验指出，即使将净化流量降低一半，冷却剂中仅长寿命碘增加了一倍，其他裂变产物和腐蚀活化产物总放射性的增加也不明显。但这一系统流程对冷却剂的化学净化是有效的，混合离子交换器能将出水的电导降低一个数量级以上。

为从根本上提高冷却剂循环净化系统的效用，应注意研究能承受反应堆运行温度和压力的新的净化方法，如高温高压过滤和离子交换等。迄今已在高温高压磁过滤方面取得了一定进展。

4.1.4.8　硼回收系统

(1) 反应堆排水

反应堆运行过程中总要不断地排出放射性的含硼冷却剂，因此，净化反应堆的排水，并将其转化成合格的堆补给水和浓硼酸，是本系统的主要任务。

反应堆正常排水由以下几个原因造成：

1) 反应堆的停闭和启动

压水堆的冷停堆和启动要求冷却剂中溶解硼的反应性控制量在百分之几到百分之十几之间，相应的硼浓度变化量为300～500 mg/L。如果用注入法来“加硼”或“减硼”，则向堆中注入多少数量的浓硼酸溶液或清水，相应地需要由堆中排出相同数量的冷却剂。此外，反应堆启动升温时，由于水体积的膨胀，也引起部分冷却剂的排放，但其量很小。

2) 补偿后备反应性的降低

随着反应堆的运行，后备反应性逐渐降低，需要不断降低冷却剂硼浓度。在换料周期的前期，为降低冷却剂硼浓度，采用注入清水来实现，从而也引起冷却剂的排放。

3) 反应堆负荷变化

有些负荷跟踪电厂，即运行负荷随电网用电要求而改变，现代压水堆电厂的功率变化也用调节冷却剂硼浓度来实现，因而引起相应的排水。

4) 反应堆换料或检修排水

由堆中排出的冷却剂有很高的放射性，未经严格处理是绝不能向环境排放的。经过处理的冷却剂，完全可以满足堆补给水的要求，可重新补回堆内。出于冷却剂硼浓度控制的要求，必须使复用补水的硼含量降低到允许程度，因此，堆排水处理系统除了净化之外，还有一个硼水分离的任务，即生产合格的堆补给水和浓硼酸。再生硼酸的浓度应符合堆浓硼酸储存要求，有的取4%，有的取12%，主要考虑到硼酸水溶液的结晶温度，4%硼酸的结晶温度为15 ℃，使用这样的硼酸一般无需对储槽和管道特殊加热保温，但设备容量相对要大些；12%硼酸的结晶温度为50 ℃，为避免硼酸结晶，需将所有的管道及设备的温度保持在50 ℃

以上，这当然比较麻烦，但设备容量相对可以小些。

例如一个 118×10^4 kW 的负荷跟踪电厂每年预计排水量为 $1.72\times10^4\ m^3$（主回路容积为 340 m^3）。若年处理量为 $1.72\times10^4\ m^3$ 的堆排水，平均硼浓度 7×10^2 mg/L（相应的硼酸浓度为 4.2×10^3 mg/L），每年可回收硼酸 72 t。所以是有经济价值的。

（2）系统具备的功能

① 为堆排水提供足够的存储容量；

② 去除堆排水中的放射性和其他杂质；

③ 为堆运行提供再生补给水和浓硼酸。

（3）硼回收系统的组成（见图 4-1-28）

1）堆排水存储和输送单元

包括堆排水储槽和相应的泵组（图 4-1-28 中的 1～3）。

2）净化单元

由过滤器、离子交换器和脱气器构成（图 4-1-28 中的 4～8）。

3）硼水分离单元

硼水分离是通过蒸发来实现的。本单元由蒸发器、雾沫去除器、吸收塔、冷凝器以及冷却器构成（图 4-1-28 中的 9～13）。由冷却器冷却后检测合格的作为堆补水送堆补给水箱。而蒸发器釜底溶液浓缩到一定程度后，经冷却过滤送往浓硼酸贮槽（图 4-1-28 中的 14～20）。事实上，为了控制冷却剂的氚浓度，硼回收系统每年都要排掉数百吨蒸发冷凝液，有时要排掉部分不合格的浓硼酸，此时硼回收蒸发器起了废液处理的作用。

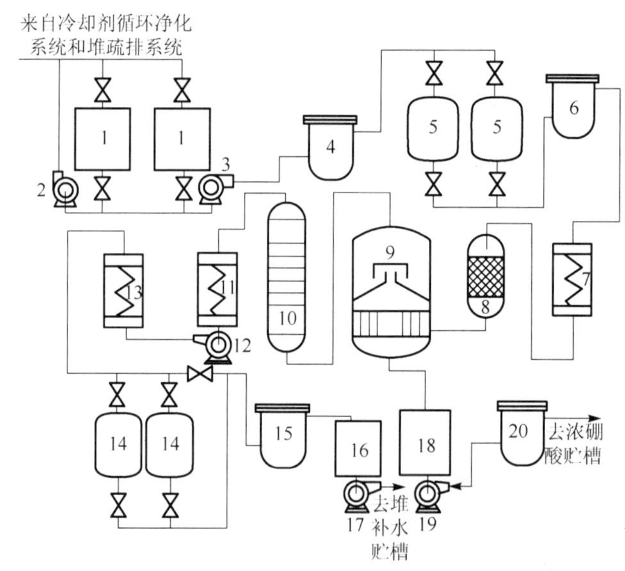

图 4-1-28　硼回收系统原理流程图

1—堆排水储槽；2—循环泵；3—供料泵；4—前置过滤器；5—阳离子交换器；6—后过滤器；7—预热器；8—脱气器；9—蒸发器；10—吸收塔；11—冷凝器；12—冷凝水泵；13—冷却器；14—凝水离子交换器；15—过滤器；16—检测槽；17—检测槽泵；18—浓硼酸卸放器；19—浓硼酸泵；20—浓硼酸过滤器

4.1.4.9　硼酸的热再生

强碱型树脂对硼酸吸附有一个明显的特点：吸附容量随温度而变，在低温下的吸附容量高于高温下的吸附容量。由此想到：用调节除硼离子交换器工作温度的办法来改变冷却剂的硼含量。在需要“减硼”时，降低循环净化流的温度，使其通过阴树脂床，这时硼被吸附，水液中的硼浓度降低；在需要“加硼”时，提高水流的温度，使其通过阴树脂床，这时硼由树脂上解吸下来，水流中的硼浓度提高了。这种用改变通过离子交换器水流温度来调节硼浓度的方法，叫硼酸的热再生法。

实际上，因温度变化引起的树脂对硼酸的吸附容量的变化量有限，如果冷却剂调硼全都采用硼热再生法，则需设置很庞大的树脂床，给堆的设计带来许多不便，经济上也不合算。硼热再生法只适用于调节冷却剂硼浓度的缓慢变化。比较合理的是，采用充水与硼热再生综合调硼法。在换料周期的前期仍沿用充水调硼方法，此时充水法有效，且排水不多。在换料周期的后期，启用硼热再生装置。用硼热再生法调节负荷跟踪电厂的负荷变化是较理想的。美国西屋公司压水堆的标准设计已采用了硼热再生系统。

4.2　二回路的水化学

4.2.1　二回路水化学的主要任务

(1) 二回路系统简介

1) 二回路系统功能

二回路系统是压水堆核电厂极其重要的部分。二回路系统从能量转换的观点看，是热能、机械能、电能的转换过程。从热循环介质的观点看，主要是汽一水的反复转换过程。核岛的蒸汽发生器把二回路的给水加热变成蒸汽，蒸汽通过汽轮机把热能转换为机械能。排汽经凝汽器转换成水以后，再送到核岛的蒸汽发生器，构成汽-水-汽-水连续不断的循环。

2) 关于给水

二回路是一个闭合回路。主蒸汽在凝汽器中与循环冷却水(海水)在凝汽器管束中进行热交换，使得低压缸排汽变成凝结水后，进入热井，凝结水泵把凝结水打入除氧器。除氧器具有多种功能：即加热、除气(主要是氧气)及贮水作用，为给水泵提供较高的吸入正压头。此后，由给水泵泵入高压加热器，最后经给水控制调节系统分别进入核岛对应的几个蒸汽发生器，并与一回路高温水进行热交换，变成次高压的饱和蒸汽，再次进入常规岛，这样就构成了二回路的闭式循环，周而复始，连续不断地进行着。

3) 凝汽器

凝汽器的主要功能是为汽轮发电机提供一个经济背压，并使机组在规定的冷却水温度和工况下，安全可靠地运行。同时要满足机组要求的热力性能、凝结所有进入凝汽器的蒸汽、保持凝结水水质、提供充足的凝结水贮存量，并能提供除氧器所需要的凝结水量。

在凝汽器内有的电厂设置了磁性过滤器，不同电厂的磁性过滤器结构各有差异，但都可以提供磁性过滤功能，除去磁性腐蚀产物。

4) 化学药剂的注射系统

核电厂汽轮机热力系统设化学药剂注射系统。通过加入适量的化学药品，来防止蒸汽发生器、汽轮机等热力设备和管道的腐蚀，减少杂物沉积，同时包括对热力系统的湿保养和对闭式冷却水系统防腐。

注入的化学药剂有：氨水或吗啉（Morpholine）、乙醇胺（ETA）、联氨及闭式水缓蚀剂等。各电厂根据系统水质控制要求选择合适的化学药剂。

氨水、吗啉或乙醇胺的加入，是为了控制给水的 pH 值，加药后给水中的浓度根据电厂的 pH 控制要求来定。对于无铜系统来讲，一般控制给水的 pH 在 9.2 以上。

联氨的加入，是为了消除残余氧，加药后给水中的浓度一般不低于 0.03 mg/L。

加药系统一般还有向闭式冷却水添加缓蚀剂的功能。不同电厂采用的缓蚀剂也不尽相同。有磷酸盐体系、亚硝酸盐体系等等。通过加药系统注入各个系统中，其药剂的浓度根据缓蚀剂的种类而定。

（2）对二回路水的具体要求

1）对二回路给水的要求

二回路系统是由低合金钢、不锈钢和镍基合金材料构成（详见本书第三章 3.3.1 和表 3-2-1），除了在运行中维持 pH 值在弱碱性环境外，给水系统的 pH 值范围也有一定要求。通常，用挥发性氨（NH_4OH）作为给水系统 pH 值的调节剂，其他有机胺、吗啉也可用于调解二回路水化学的参数，联氨在二回路水一汽系统的一系列反应中生成的氨对 pH 值有一定影响。

研究证明，给水系统 pH 值应维持在弱碱性（核电厂给出 9.3～9.6 或 9.6～9.8）范围内；有铜合金材料的给水系统 pH 值应维持在 8.8～9.2 范围内，如果在以上范围内运行，将有助于维持给水系统较长期的稳定性，并能使向蒸汽发生器转移的腐蚀产物量达到最小。如果电厂给水系统是由单一铁素体系材料组成，并设置了冷凝水净化器。若考虑有利于杂质的转移、运行，给水系统 pH 值应维持在 9.0～9.6 范围内是允许的。但要知道：给水的 pH 值若＞9.3，对冷凝水净化系统中的离子交换树脂的交换容量消耗非常大。因此，pH 值的确定要全面考虑，见表 4-2-1。表中记载，pH 值范围的确定，首先考虑选择的材料，比如：碳钢要求高 pH 值，而在使用铜合金的系统则不可太高的 pH 值；另一方面，pH 值和化学试剂浓度不宜太高，要保持蒸汽发生器排污系统的净化系统足够的净化效率，并限制排向环境的化学试剂的量和废树脂的量。如果凝汽器采用钛冷却管（无铜合金），给水（高压加热器系统）需要高 pH 值，以减少腐蚀和回路中 Fe_3O_4 和 Fe_2O_3 的产生，所以有的电站特别要求 pH ≈9.7（25 ℃）。蒸汽发生器排污水的 pH 值，应视其有无杂质进入，有没有一回路冷却剂向二回路泄漏的情况，可通过氨和联氨浓度来控制。

2）杂质对材料的影响

随着核电事业的发展和多年实践经验的积累，在堆用各种材料的选择时，就应考虑到耐腐蚀、耐辐照及具有良好的机械性能。但各种材料在长期的运行工况下，不可避免地会发生各种各样的问题。如钠的存在有引起因科镍合金传热管苛性应力腐蚀开裂的可能性；氯离子是蒸汽发生器在运行工况下钢铁材料最具危害性的腐蚀性杂质，尤其在缝隙区浓集更是不利的。处于酸性环境下氯离子是非保护性 Fe_3O_4 增长的主要因素。

若水溶液中存在着可还原性物质，如 O_2、Cu^{2+} 和 Ni^{2+} 能促进缝隙处酸性环境的形成。蒸汽发生器在运行工况下，硫酸盐可促使因科镍-600 合金发生晶间腐蚀；也可使其发生点腐蚀；又可加速钢铁材料的腐蚀。

表 4-2-1　水-汽回路可接受的 pH 值范围

pH 值（25 ℃）	铜合金（凝汽器、加热器）	钛（凝汽器）	不锈钢（凝汽器、加热器）	碳钢（加热器、其他）	因科镍 600、690（蒸汽发生器传热管）	蒸汽发生器排污系统足够的净化效率、应限制排向环境的化学试剂数量和废物量
6～7	×			×		
7～8				×		
8～9				×		
9～10	×					
10～11	×					×

注：1. 凡记×号的为不可接受的 pH 值范围，其他无记号的为可接受的 pH 值范围。
2. 由于各电厂运行条件不同，水-汽回路可接受的 pH 值（25 ℃）范围也会有所差异，此表仅供参考。

再者，二回路系统中炉水含有超标的溶解氧会加速腐蚀，硅生成硅酸盐会沉积于蒸汽发生器内，重金属杂质的存在对材料腐蚀很不利；有铜系统必须控制 pH 值在适当的范围。

为了维持二回路系统良好的水质，补给水的质量非常重要，应严格按给水标准来控制，另外，还要设置全流量精净化装置，除去凝结水中的悬浮性和离子性杂质，以达到水质标准的要求。

4.2.2　二回路炉水 pH 值的控制

（1）良好的 pH 控制剂应具备的条件

① 有效的 pH 控制能力；

② 物理化学稳定性好，不与结构材料发生不利作用；

③ 不生成有害于结构材料完整性的残渣；

④ 价格低廉，来源充足。

（2）二回路锅炉水 pH 值控制的方法

1）磷酸盐法

早期压水堆电厂二回路锅炉水处理多数是用磷酸盐法，即加入磷酸钠来控制炉水 pH 值，并可将炉水中的钙、镁变成松软的渣，经由排污途径释放出去，从而有效地防止结垢。但磷酸盐在运行过程中能产生游离碱，加速材料的腐蚀。用此法进行水处理时，传热管破坏的原因可能是：

① 磷酸盐对蒸汽发生器管子有直接侵蚀作用，即在运行温度下，循环蒸发过程中磷酸盐的浓缩可使因科镍-600 钝化膜破坏，在死角和汽水两相交界处尤为严重。因科洛依则具有再钝化的能力，故能较好地抵抗这种侵蚀。

② 磷酸盐的浓缩析出 Na_3PO_4。在蒸汽发生器运行过程中，由于管段的干湿交替变化，可使磷酸盐浓缩 10^3 倍以上，有时可达 10^5 倍，在这种盐分高度浓缩的区域，由于发生一系列

的物理化学反应而导致腐蚀。Na_3PO_4在水中的溶解度先随水温升高而增加，但超过 200 ℃后，溶解度急剧下降，350 ℃时，溶解度几乎为零，见图 4-2-1。不同 Na^+/PO_4^{3-} 比例的磷酸钠溶液，当其浓度超过其溶解度时，固体则按图 4-2-2 所示曲线的比例析出。温度为 300 ℃时，固相的 Na^+/PO_4^{3-} 比恰与液相相同，约为 2.85。此时液相中产生了游离的 NaOH，对材料的抗腐蚀性不利。所以实际运行时，为防止产生游离碱度，一般以 Na^+/PO_4^{3-} 为 2.6 作为炉水控制的上限。其下限一般不应低于 2.3，否则，在析出固体时，水的 pH 值降低，甚至偏向酸性，会加速材料的腐蚀。

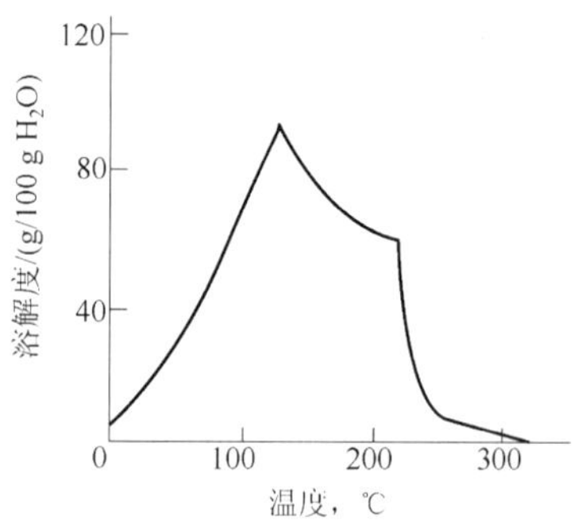

图 4-2-1　磷酸钠的溶解度图

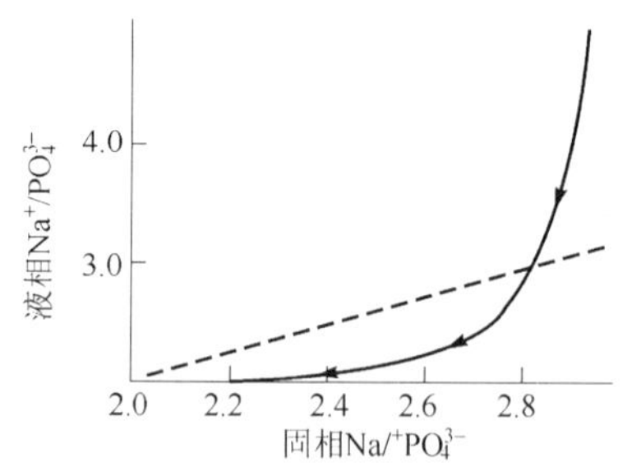

图 4-2-2　磷酸钠平衡体系(300 ℃)中固、液相的组成

(图中箭头所示方向表示溶液中析出固体时，其组成的变动)

为防止这种现象发生，美国西屋公司推荐了磷酸盐处理法的合适运行范围，图 4-2-3 给出了用所谓协调磷酸盐处理达到预定目的，即除向炉水中添加磷酸钠外，还应添加一定比例的酸式磷酸盐，如 Na_2HPO_4 和 NaH_2PO_4，以防止游离碱生成。尽管如此，磷酸盐处理法还是不能完全避免蒸汽发生器传热管发生苛性应力腐蚀开裂的现象，所以大多采用全挥发法处理二回路水。

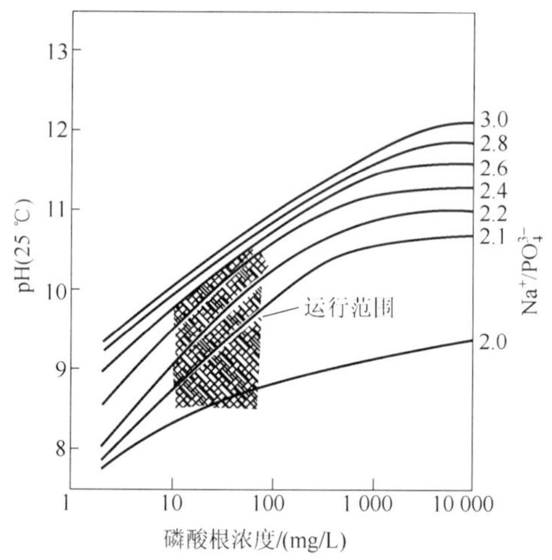

图 4-2-3　pH 值与磷酸根浓度的关系

③ 二回路化学反应

当二回路凝汽器泄漏时，磷酸钠不仅能与沉积的酸式碳酸盐起反应：

$$3Ca(HCO_3)_2 + 2Na_3PO_4 = 6NaOH + 6CO_2\uparrow + Ca_3(PO_4)_2 \tag{4-2-1}$$

而且还能与沉积的 Fe_3O_4 发生反应生成碱：

$$3Fe_3O_4 + 8Na_3PO_4 + 12H_2O = Fe_3(PO_4)_2\downarrow + 6FePO_4\downarrow + 24NaOH \tag{4-2-2}$$

由此产生的碱性脆化很可能是管子损坏的原因。此外，凝汽器的泄漏引入的氯离子的局部浓集往往也是腐蚀的附加因素。

至于用挥发性碱调节 pH 时，传热管损坏的原因至今尚未搞清。

蒸汽发生器的破损，除了上述原因外，尚受热工水力学条件的影响。贝茨瑙电站管子缺陷大多出现在水流不充分区域。此外，腐蚀产物淤渣大量沉积，埋在淤渣层中管段经常发生干湿交替变化，使该管段的热应力也呈周期性变化，因淤渣中有很多气孔，气孔中充满了化学浓集物，加速了管子腐蚀。尤其管子热端承受较大的拉伸应力处，是晶间应力腐蚀的敏感区。因此，为减少和防止蒸汽发生器管子的晶间应力腐蚀，除了严格控制二回路水质外，还应从蒸汽发生器内部结构着手，尽量避免在传热表面留下炉水滞留区和缝隙，特别不能在管板处形成淤渣沉积区，以最大限度地限制苛性碱或其他化学物质的局部浓集。

2）全挥发法

现在压水堆核电厂二回路水多采用全挥发法处理，即向水—汽回路中加入挥发性碱性物质，如氢氧化铵（NH_4OH），用来调节 pH 值，但由于 NH_4OH 具挥发性，易分解为 NH_3 和 H_2O，其中一部分在凝汽器以 NH_3 的气态形式被除掉。为了保持蒸汽发生器给水的 pH 值，在凝结水泵出口处经常注入适当的氨水。另外加入吗啉，一种有机环状物（C_4H_9NO）来控制炉水的 pH 值。图 4-2-4、图 4-2-5 和图 4-2-6 分别表示氨、吗啉和氨一吗啉水溶液在 25 ℃和 35 ℃时的 pH 值。

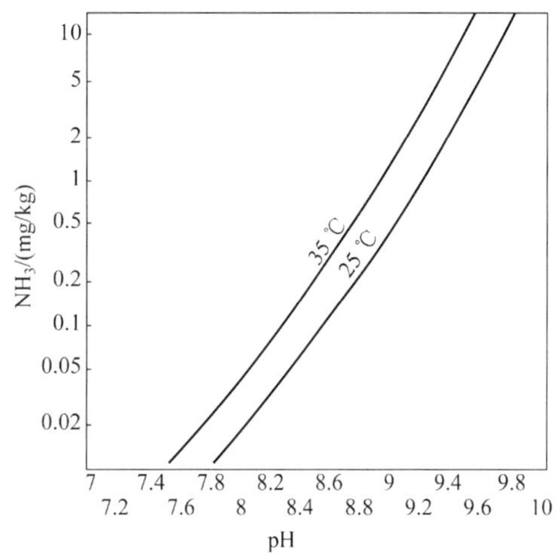

图 4-2-4　氨溶液的 pH

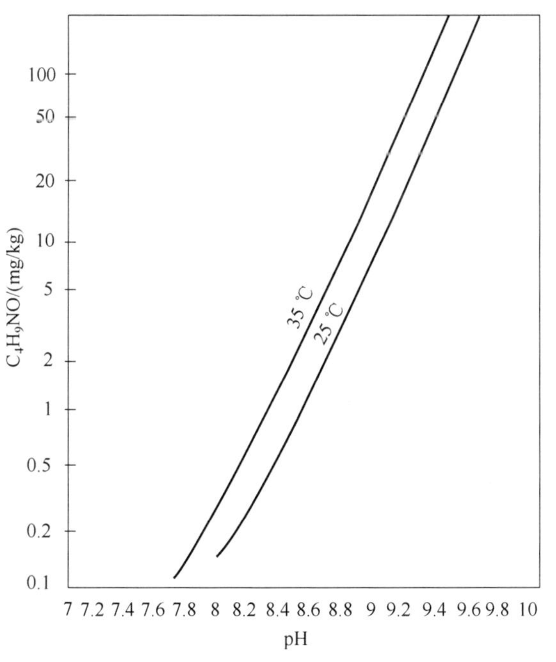

图 4-2-5　吗啉溶液的 pH

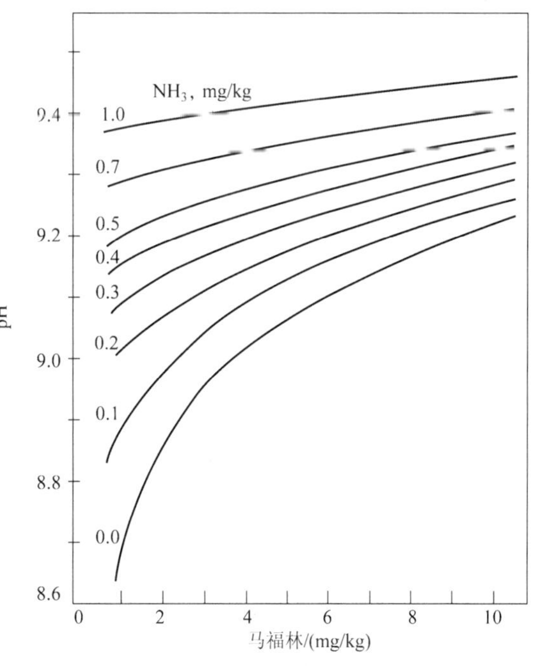

图 4-2-6　吗啉一氨混合溶液的 pH(25℃)

全挥发法不像磷酸盐法能够使结垢的钙、镁等离子生成松软淤渣排出;因此要求补水中的杂质含量越少越好,所以采用全挥发法处理炉水的系统,大都设置了对凝水进行全流量精净化装置,如秦山第二核电厂凝结水精处理系统的处理过程,见图 4-2-7。

二回路凝结水经处理后,使再复用进入蒸汽发生器的补给水的悬浮固体量小于 1 mg/L。

3) 联氨除氧

联氨(N_2H_4)是无色液体,在 113.5 ℃沸腾。联氨与水反应生成稳固的水合物,它具有弱碱性。见反应式(4-2-3):

$$N_2H_4 + H_2O \longrightarrow N_2H_5OH \tag{4-2-3}$$

联氨能形成与铵盐类似的盐,比如:氯化氢合联氨(N_2H_5Cl)、硫酸合联氨($N_2H_5HSO_4$)等。

联氨用作强还原剂和氧(O_2)反应生成氮气(N_2)和水(H_2O),见反应式(4-2-4)。此反应的速率随温度升高而上升。

$$N_2H_4 + O_2 \longrightarrow N_2 + 2H_2O \tag{4-2-4}$$

联氨热分解反应:

$$3N_2H_4 \longrightarrow N_2 + 4NH_3 \tag{4-2-5}$$

氨溶于水:

$$NH_3 + 2H_2O \rightleftharpoons NH_4OH \tag{4-2-6}$$

上述反应式说明联氨在二回路炉水中的系列反应产物,最终具有氨碱性。

联氨是一种除去极化剂,前面讲过金属经阳极极化、阴极极化处理使之钝化以减小腐蚀,而氧(富 O_2)对材料的作用是去极化作用,因此又称氧是去极化剂或去极剂。高压锅炉加联氨,从电化学角度看,目的就是为了消除去极化剂氧。二回路水中溶解氧的含量应该控制在小于 5 μg/L,因为溶解氧的存在将加速氯离子对不锈钢材料设备的应力腐蚀作用。联氨除氧也是对物理除氧(凝汽器的真空除氧和除氧器的热力除氧)的一个补充。为了有利于溶解氧的还原反应,减少回路水中的溶解氧,在蒸汽发生器入口的给水中要维持过量的联氨。

对联氨的控制要注意:

控制下限,保持足够的还原能力,使残余氧含量尽可能低。

控制上限,尽可能防止与存在的硫酸根离子(SO_4^{2-})发生化学反应,产生对蒸汽发生器传热管(因科镍 690)具较强腐蚀性的物质。

4.2.3 蒸汽发生器排污系统

(1) 系统说明

从世界各国核电厂的运行经验看,约 50%被停运的核电厂源自蒸汽发生器。改进蒸汽发生器传热管的管材并保持蒸汽发生器二次侧良好的水质同等重要,除了要求运行人员运行时严格控制蒸汽发生器二次侧的水质标准外,加大排污流量也是当今延长蒸汽发生器寿命的一个重要课题。

蒸汽发生器排污系统的功能是通过连续排污,保持二次侧水质符合要求。该系统还可实现蒸汽发生器二次侧安全疏水;蒸汽发生器干湿保养的充气充水;在某些情况下调节蒸汽发生器水位。总之,排污系统要完成污水的收集、冷却、减压(扩容)、净化处理、回收及排放。

(2) 蒸汽发生器排污水的净化、排放

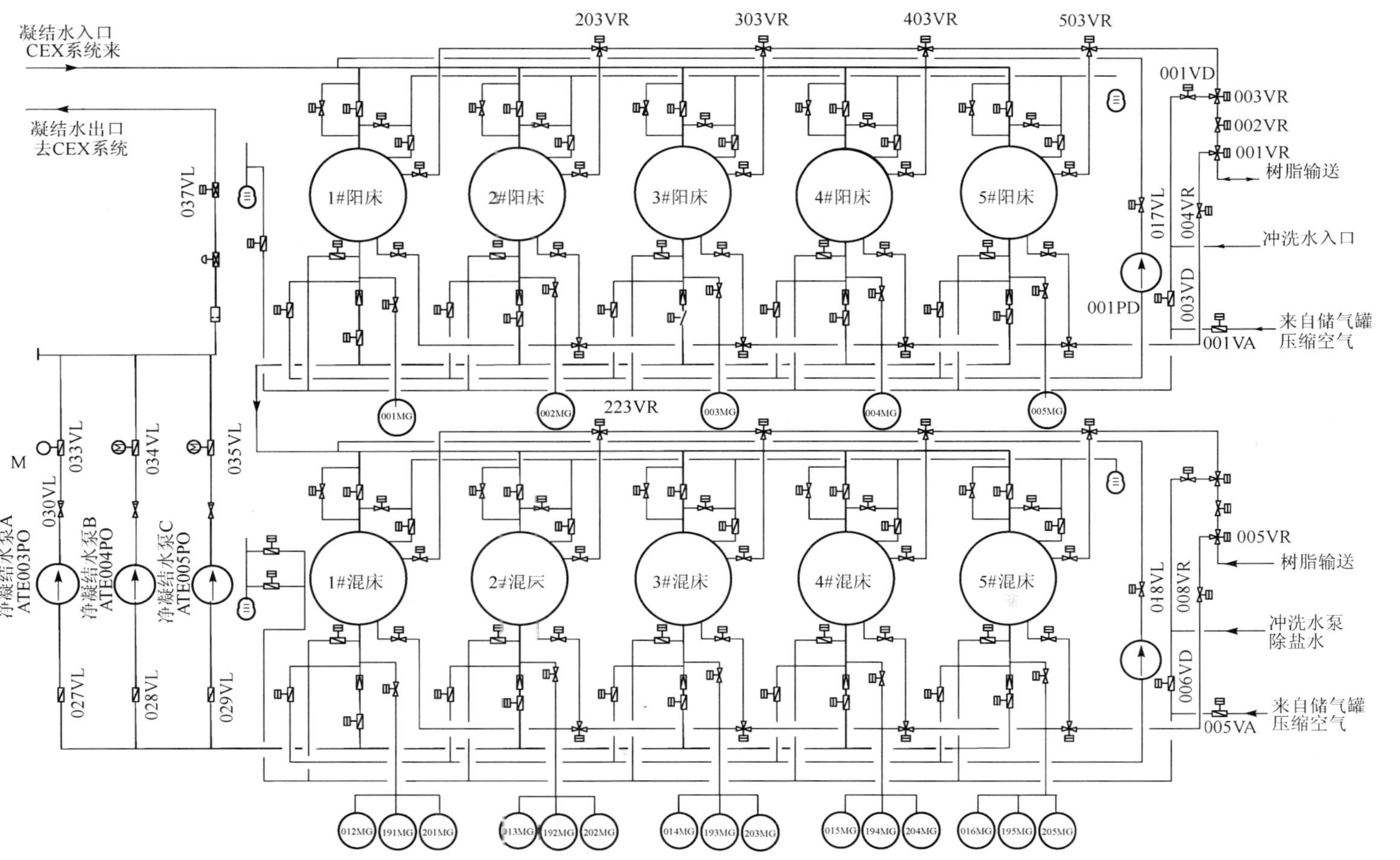

图 4-2-7 凝结水精处理系统流程图

1）蒸汽发生器排污水的净化

尽管各核电厂的蒸汽发生器排污系统流程有所差异，但大部分都设有离子交换树脂床和机械过滤器组成的净化系统，可除去凝水中的腐蚀产物和淤渣，使排污水得到净化，限制了排向环境的污物。如秦山第二核电厂的排污水处理过程，见图 4-2-8。

从图 4-2-8 可见，排污水经过冷却和减压后，如果需要回收，将排污水引向处理回路，经过前过滤器，进入并列的除盐器管线，在除盐器管线设有手动流量调节阀，还设有后过滤器用来滤去除盐过程中的破碎树脂。除盐器通过分接管与固体废物处理系统和核岛除盐水分配系统相连。根据废树脂有无放射性将做适当地处理。

2）排污水的排放

经除盐处理过的排污水至回路出口有三种排放方式：

① 正常运行时除盐处理过的排污水，经采样分析，水质合格后，送往机组的凝汽器补水室（凝结水系统）继续使用。

② 在某些情况下，处理后的排污水不能引向凝汽器或水质不合格时，则经隔离阀，排放至核岛废液排放系统。

③ 另一种排放方式是不经过除盐处理，此时因处理设施故障或凝汽器不能投运并且又需排污时，开启隔离阀经连续监测后，直接排放到核岛废液排放系统。

（3）关于阳离子电导

1）电导率

导体的导电能力用“电导”来度量。电导 G 定义为电阻 R 的倒数，即

$$G = \frac{1}{R} \tag{4-2-7}$$

电导的 SI 单位为西[门子]，符号为 S。$1S = 1\ \Omega^{-1}$。

和电阻一样，导体的电导与导体的形状有关。实验表明，电导与导体的长度 L 成反比，与导体的截面积 A 成正比，即

$$G = K\frac{A}{L} \tag{4-2-8}$$

式中，K——比例系数，称为电导率（以前称为比电导）。电导率的 SI 单位为西[门子]每米，符号为 S/m。在化学中常用的单位为 S/cm 或 μS/cm。

2）关于“摩尔电导率”

现国家标准计量单位中规定的用“摩尔电导率”这一量代替了以前的“当量电导”。当量电导的常用单位为西[门子]平方厘米每克当量，或用符号 $S\cdot cm^2/eq$ 表示。此处的克当量无疑是指化学式量除以该离子在电极反应中得失的电子数（或离子价数）。

根据当量电导的定义，按照 GB3102.8—82 的规定，电导率除以物质的量浓度称为摩尔电导率，即

$$\Lambda_m = \frac{K}{C_B} \tag{4-2-9}$$

式中，Λ_m——摩尔电导率，SI 单位是西[门子]平方米每摩[尔]，符号为 $S\cdot m^2/mol$；化学中常用单位是 $S\cdot cm^2/mol$。

K——电导率，符号为 S/m。

C_B——物质 B 的物质的量浓度，符号为 mol/m^3。

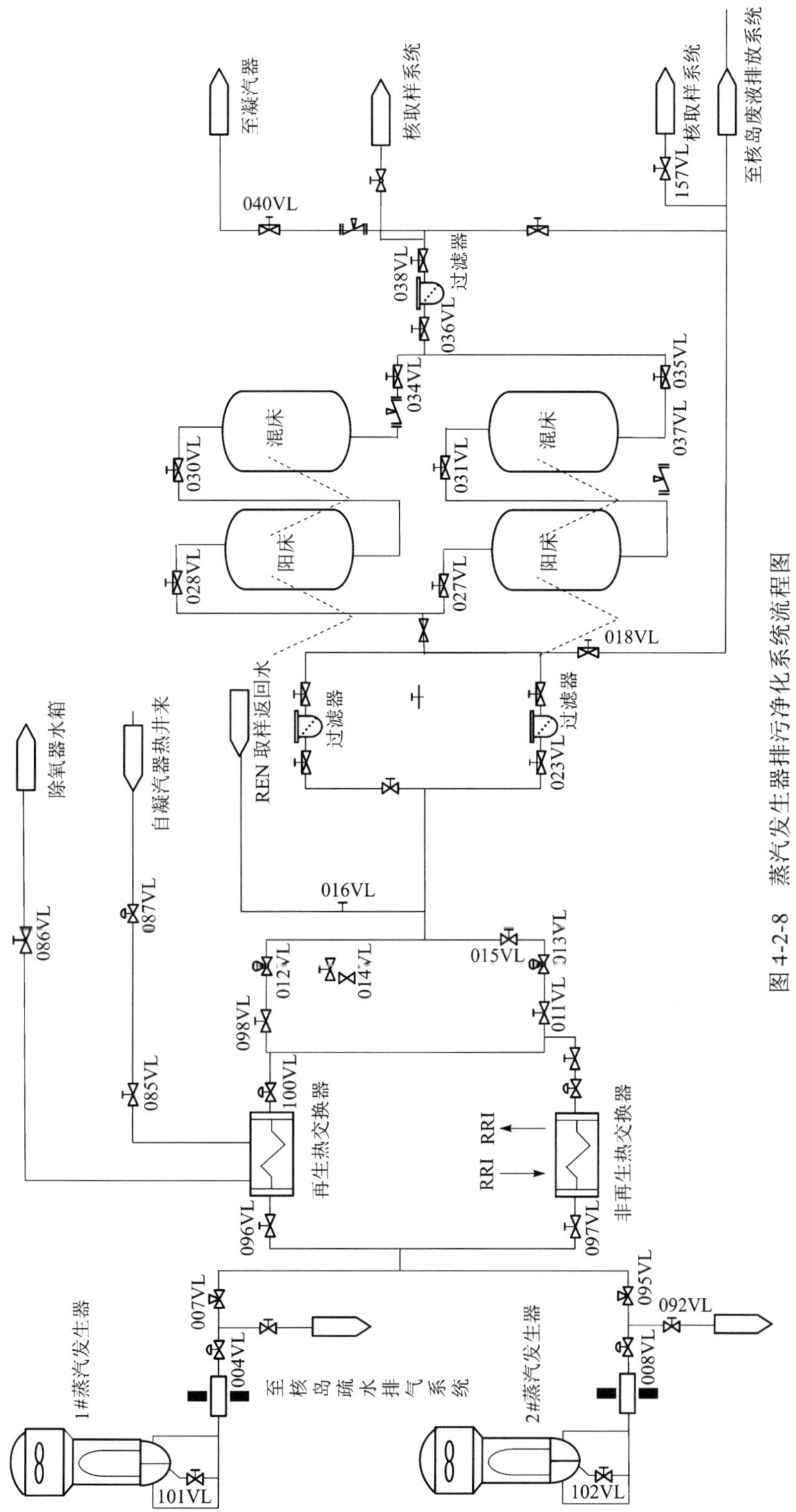

图 4-2-8　蒸汽发生器排污净化系统流程图

由摩尔电导率的定义可知，只要选定以具有单位电荷的粒子为基本单元，(即 B＝离子式/离子价数)，则摩尔电导率 Λ_m 与当量电导，不仅含义相同，而且对于同一电解质溶液其数值也是相等的。

3）阳离子电导率的测定

电导率的测定采用直接电导法(简称电导法)。即直接根据溶液的电导来测定被测离子浓度的方法。由于溶液中所有的离子对溶液的电导均有贡献，因此，直接电导法的选择性较差。它主要应用于水—电解质二元混合体系的分析和总电解质浓度的测定，如水质纯度的监测。

① 总电导率(λ)

总电导率是表示水中阳、阴离子的总量。实验室取样测定是有一定困难的，因为空气中的 CO_2 很快地溶解于水中，使电导率值迅速地增高，尤其高纯水更是如此。建议将电导池安装在系统上，采用在线流动测量，如果有高温电导池更好，可直接测定高温回路样品。在没有高温电导池的情况下，必须将高温高压回路水降温降压后，维持测定温度稳定在(25±3)℃为好。

② 阳离子电导率(λ^+)的测量

阳离子电导率指溶液通过阳离子交换柱后的电导率，用 λ^+ 表示，通常用在二回路水的测量中。

测量原理：当含有阳离子(Na^+ 、Ca^{2+} 、Mg^{2+} 、NH_4^+ 、…)的水进入阳离子交换柱进行离子交换时，阳离子将树脂活性基团中的 H^+ 交换下来。此时，从离子交换柱流出的水中含有 H^+ 和阴离子(Cl^- 、SO_4^{2-} 、…)。

此法的优点：可消除碱性化学添加剂(NH_4OH)造成的 λ^+ 测量偏高的影响，也就是说消除人为造成的高本底。

此法的缺点：在用阳离子树脂去除 NH_4^+ 的同时，也去除了沾污的其他阳离子(Na^+ 、Ca^{2+} 、Mg^{2+} 、…)；假如有其他碱性沾污时，当水通过阳离子交换柱时，同样发生交换反应，沾污就难以发现，这是不足之处。

单纯 λ^+ 的测量难以确定二回路水是否沾污，当结合在线仪表对 Na^+ 及 pH 值的测量结果进行综合分析后，就可以得出正确的判断，甚至可监测海水是否进入凝汽器。见表 4-2-2。

表 4-2-2 二回路污染时在线仪表测量值的变化

现　象		在蒸汽发生器排污水中		
		Na	λ^+	pH(趋势)
海水泄漏进入凝汽器		↑	↑	↘
污染补给水(常规岛除盐水分配系统)	盐	↑	↑	
	碱	↑		↗
	酸		↑	↘
冷却水(常规岛闭式冷却水系统)进入二回路		↑	↑	
空气漏入凝汽器		凝结水抽取系统中含氧量升高，如果大量进入空气，λ^+ 会升高		

(4) 正常功率运行期间的钠和阳离子电导率监测区域图

二回路系统设在线仪表监测装置,能够及时跟踪观测到运行中出现的变化,以作出正确判断和处理决定。秦山第二核电厂蒸汽发生器排污水的钠离子和阳离子电导率要求见图4-2-9。

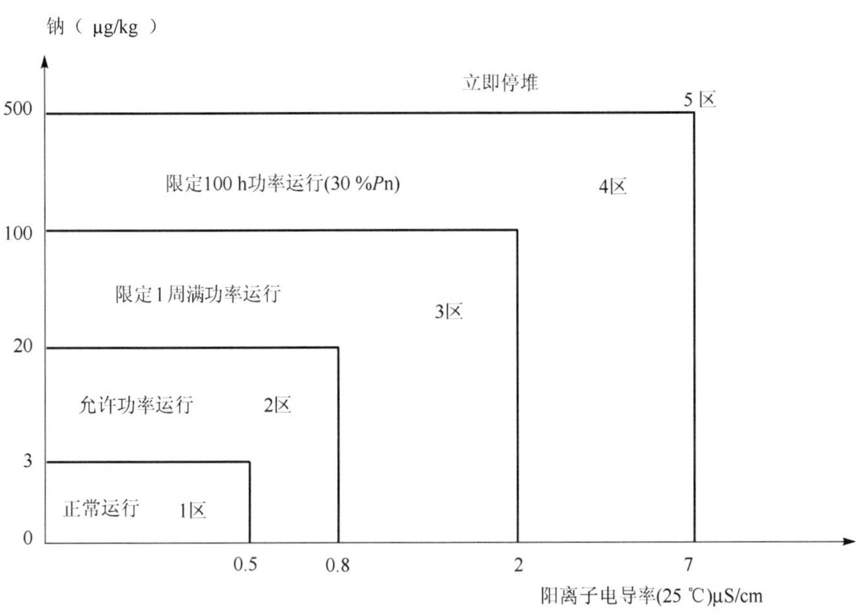

图 4-2-9 正常功率运行期间的钠和阳离子电导率区域图

4.2.4 二回路循环冷却水的处理

(1) 循环冷却水系统功能

压水堆核电厂常规岛可分为生产电能的二回路和提供冷却水的循环冷却水系统。循环冷却水系统的功能:

① 向凝汽器提供冷却水,确保汽轮机凝汽器有效地冷却;

② 供给重要厂用水系统;

③ 用来冷却常规岛系统设备及部分辅助设备的除盐冷却水。

此循环冷却水是海水(或河水),分别流经凝汽器管路系统、常规岛闭式冷却水系统的冷却器和重要厂用水系统之后,循环水又流回海里,见图4-2-10。

(2) 循环冷却水的处理

为防止海生物在凝汽器管道系统和水渠等处滋生,对循环水必须进行氯化处理和机械处理。

1) 循环水的氯化处理

海水氯化处理可通过三种方式实现:

① 直接加氯处理

氯(Cl_2)溶于水中的水解反应是:产生氯离子(Cl^-)和未离子化的次氯酸(HClO),反应式:

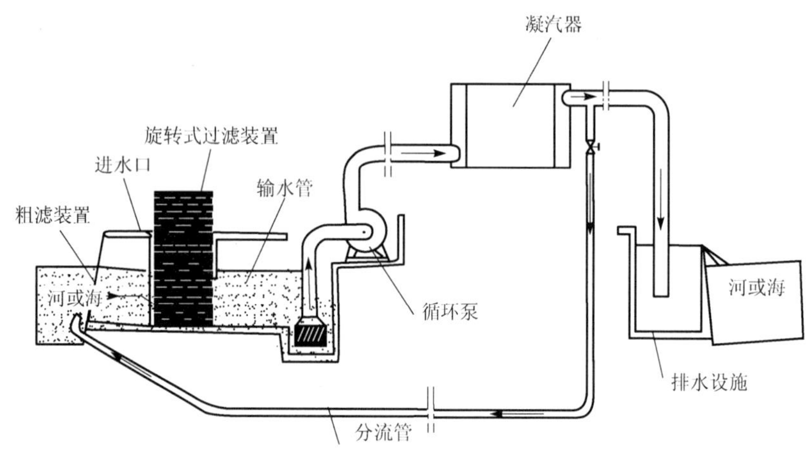

图 4-2-10 循环冷却水回路示意图

$$Cl_2 + H_2O \longrightarrow H^+ + Cl^- + HClO \qquad (4\text{-}2\text{-}10)$$

② 用次氯酸钠溶液处理

次氯酸钠溶解在水溶液后，生成次氯酸和氢氧化钠，次氯酸再分解产生氢离子(H^+)和次氯酸根离子(ClO^-)，反应式：

$$NaClO + H_2O \longrightarrow HClO + NaOH \qquad (4\text{-}2\text{-}11)$$

$$HClO \longrightarrow H^+ + ClO^- \qquad (4\text{-}2\text{-}12)$$

③ 就地注入电解海水产生的次氯酸钠溶液

当海水中的氯化钠电解时，产生次氯酸钠和氢气；次氯酸钠存贮在箱中，分离出来的氢气，经过鼓风机用空气进行稀释，最后从烟囱排出。当将次氯酸钠溶解于水溶液中时，产生未离子化的次氯酸(HClO)和次氯酸根离子(ClO^-)，总的反应式：

$$NaCl + H_2O \xrightarrow{\text{电解}} NaClO + H_2 \qquad (4\text{-}2\text{-}13)$$

$$NaClO + H_2O \longrightarrow HClO + NaOH \qquad (4\text{-}2\text{-}14)$$

$$HClO \longrightarrow H^+ + ClO^- \qquad (4\text{-}2\text{-}15)$$

上述三种处理方式有十分接近的效果：产生氯离子(Cl^-)、未离子化的次氯酸(HClO)和次氯酸根离子(ClO^-)。若这三种形式以平衡状态存在，它们之间比例取决于溶液的 pH 值和温度。不管采取哪种方式，气体氯与次氯酸之间比例是相同的。当 pH 值在 2～7 之间时，HClO 占绝对优势；当 pH 值等于 7.4 时，HClO 和 ClO^- 大致相等；当 pH 值大于 7.4 时，ClO^- 比例增大。当 pH 值在 8.0～8.5 之间，海水温度为 15℃时，所有氯离子趋于消失。这时以等值活性氯化物的混合物组成，以次氯酸钠形式出现的次氯酸根离子约占 80%，次氯酸约占 20%；当 pH 值大于 9.5 时，所有的可用氯都以次氯酸根离子形式出现。以上各种反应产物中，以次氯酸和次氯酸根离子最有用，它们是海生物繁衍的抑制剂，若这两种产物进入有机生物体内，破坏其生态机制，从而能有效地防止循环水回路中的海生物滋长。

次氯酸盐溶液的添加，是从贮存箱中用泵抽出，经次氯酸盐注射管线注射到循环水中。最佳循环水中次氯酸盐溶液浓度即要能抑制海生物在循环水系统和设备中繁衍，还要考虑经济性和对环境保护的不利影响。某些电站通常对循环冷却水中氯离子浓度要加以控制；

如果提高氯离子浓度，虽然能有效地控制海生物生长，但对生态环境有较大影响，且耗电成倍增加很不经济。

2）机械处理

机械处理的办法是设二次滤网。尽管在循环水进口处设有滤栅和鼓型旋转滤网等装置，许多滨海电厂运行经验表明，在凝汽器内的水室、管子仍有堵塞现象，其根源来自两方面：

① 海生物在初龄期间，体积很小，通过一次滤网后，逐渐长大。

② 垃圾碎粒被循环水带动，可能通过有缺陷的一次滤网密封装置进入凝汽器堵塞管子。为此，在循环水进入凝汽器前的垂直支管段装有二次滤网。

（3）防止海水腐蚀的措施

循环冷却水系统加设的二次滤网装置，为不锈钢材料。常规岛闭路冷却水系统管道、隔离阀和调节阀均采用碳钢制造。为此，对接触除盐水的设备，必须要保持闭路冷却水（除盐水）的水质符合标准；对接触海水的设备、部件及管道采用常规的防海水腐蚀的办法。例如在管道内覆盖环氧树脂涂层或者橡胶衬里，设备或外部涂防腐漆；个别重要设备采用阴极保护的方法等进行保护。各核电厂应根据所用材料的情况，选取适宜的防止海水腐蚀的方法。

4.2.5 二回路水化学的改进与WANO化学指标状况研究

4.2.5.1 概述

WANO（The World Association of Nuclear Operators）译作世界核电营运者协会，于1989年5月在莫斯科成立。本组织主要对核电运行进行监督，定期召开会议对核电运行状况作出评估。我国是成员国之一，2006年4月12日由中国核工业集团公司承办的世界核电营运者协会（WANO）第58届理事会在北京召开，来自美国、法国、俄罗斯、日本、英国、中国等8位WANO理事及WANO地区中心的负责人和有关专家等出席了会议。

几年来，WANO专家先后对我国运行的核电厂，如：岭澳核电站、秦山核电站、秦山第二核电厂、田湾核电站和秦山三期重水堆核电站，进行WANO化学性能指标（WANO chemistry performance indicator）的评估。

近几年，随着我国核电事业的发展，由于在水化学管理理念方面不断的更新，在二回路水化学处理方面有很大改进，我国核电事业在某些方面已达到了世界先进水平。

4.2.5.2 岭澳核电站WANO化学指标状况研究

岭澳核电站自2002年5月28日1号机组投入商业运行以来，取得了非常优异的运行业绩。截止2003年11月2号机组第1燃料循环结束，根据世界核电营运者协会WANO定义的8项业绩指标比较中，5项进入了WANO中间水平，其中有两项达到了WANO先进水平。

岭澳核电站第1燃料循环WANO化学指标状况研究，借用WANO制定的压水堆核电厂的化学指标体系，对岭澳核电站2台980MW压水堆机组第1燃料循环的二回路水质状况进行分析，并与大亚湾核电站2台机组的水质比较以及法国电力公司14台同类机组第1燃料循环的水质比较，得出岭澳核电站2台机组第1燃料循环水质相对较好的结论；并总结了压水堆核电厂新机组水质控制经验及改进措施。

1996 年 4 月以后，WANO 重新定义了其化学指标统计方法，同样在核功率超过 30%情况下杂质和腐蚀产物季度平均值与各自的限值进行比较，各项参数的比值的算术平均值即为 WANO 化学指标的季值，按季值加权平均则为年值。对于岭澳和大亚湾核电站这类再循环式蒸汽发生器的 PWR 核电机组，选择的参数为蒸汽发生器排污水的氯离子、硫酸根离子、钠离子的质量分数和给水中总铁、总铜的质量分数，根据各季度内功率水平超过 30%运行天数对其季度指标值进行加权处理，为保证化学指标的可比性和代表性，WANO 考虑新机组在调试阶段和商业运行初期不予统计。为符合指标"年值"的定义，WANO 规定了核电机组的化学指标从商业运行后的第一个"季度"开始统计，岭澳核电站 2 台机组第 1 燃料循环的化学指标状况。据 1996 年 9 月 WANO 新化学指标的计算，机组在商业运行初期指标很高，之后逐渐下降，但始终高于 2001 年 WANO 的平均水平 1.12。五项指标中 Cl^-、Fe、Cu 的质量分数，一直低于 WANO 的标准等于"1"的值。而排污水中 SO_4^{2-}。其次是 Na^+ 含量高，第三个月起 Na^+ 的质量分数达到了 WANO 标准值。而排污水中 SO_4^{2-} 含量高，分析其原因 SO_4^{2-} 主要来自汽水分离再热器的疏水携带，其次是给水的加热器疏水的携带。

岭澳核电站 2 台机组第 1 燃料循环水一汽回路整体水质看，蒸汽发生器排污水除 SO_4^{2-} 含量偏高外，SiO_2 和 PO_4^{3-} 含量也偏高。岭澳与大亚湾核电站及法国电力公司的电站比较总结一些经验教训：

① 机组启动前，对整个水汽回路进行良好的冲洗；

② 及时投入凝结水精处理系统；

③ 及时迅速更换失效的混合离子交换树脂床；

④ 杜绝跑、冒、滴、漏等事故，尽可能降低补水率，以免带入杂质；

⑤ 降低凝结水中氧含量；

⑥ 严密操作、严谨维修；严格控制补给水、药剂的质量等；有效地控制杂质进入系统中。

4.2.5.3 秦山核电站二回路系统水化学的改进

（1）简介

秦山核电站是我国自行设计、建造第一座压水堆核电厂，装机容量为 310 MW。1991 年 12 月 15 日正式并网发电，到现在已经安全稳定运行 18 年之久。近几年，由于管理理念的更新和水质控制的改进，并通过改变运行方式及增加除铁装置减少二回路系统的腐蚀和腐蚀产物的转移、对凝结水精处理装置的优化运行以及大修和启动过程中水质严格控制等措施，使电厂的 WANO 化学性能指标不断提高，其中十项技术性能指标基本达到世界中值水平，有几项技术性能指标已经达到世界先进水平。图 4-2-11 列出了 1997 年以来秦山核电站 WANO 化学性能指标的变化情况。

从图中可见，WANO 化学性能指标虽说出现过波动，但逐年在提高。

（2）二回路系统水化学的改进

1）管理理念的更新

秦山核电站早期的化学管理理念主要是保证关键水质不超标运行，没有考虑 WANO 化学性能指标的问题。随着秦山核电站管理理念的更新和管理水平的提高，对水化学认识也不断提高：核电厂水化学的管理不仅仅是水质不超标，而是提高水质尽可能降低杂质离子的水平，有效地降低二回路系统的腐蚀，防止蒸汽发生器传热管（秦山核电站采用

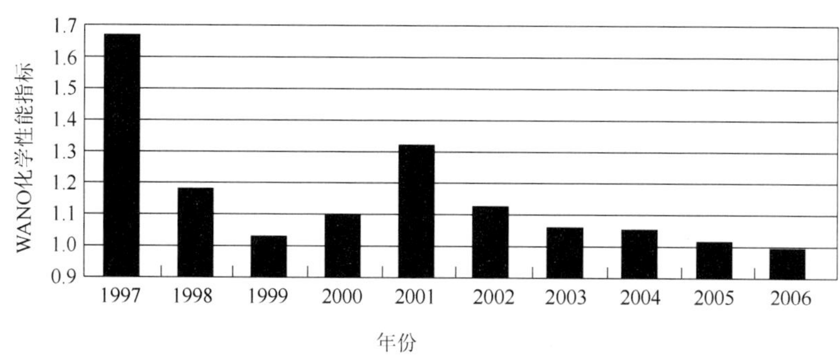

图 4-2-11 秦山核电站 WANO 化学性能指标变化趋势图

Incoloy800材料)的腐蚀开裂。

WANO 化学性能指标的计算是选取二回路系统的 6 个化学控制参数,其 WANO 化学性能指标计算参数的世界中值列在表 4-2-3 中,从表中可以看出,秦山核电站的控制指标和世界中值相比部分有数量级的差别。

表 4-2-3 二回路系统主要控制参数设计指标及 WANO 化学性能指标计算世界中值

系统	控制参数	指标	WANO 化学性能指标计算世界中值
蒸汽发生器	pH 值(25 ℃)	9.0～9.5	
	阳离子电导率/(μS/cm)(25℃)	≤1	0.2
	钠/(μg/L)	≤100	2
	氯/(μg/L)	≤100	5
	硫酸根[1]/(μg/L)		5
凝结水	溶解氧/(μg/L)	≤10	5
给水	pH 值(25 ℃)	9.3～9.6	
	总铁/(μg/L)	≤10	3

注:1) 设计时无该控制参数指标要求。

此后,秦山核电站二回路化学管理目标转变为,以达到世界先进电厂的水化学管理水平为目标,即 WANO 化学性能指标达 1.00,也就是说参与 WANO 化学性能指标计算的所有 6 个化学控制参数的运行值必须小于世界中值。为此秦山核电站对二回路系统水质控制的各个环节进行认真分析,总结出水质控制的经验。

从过程上看包括以下几方面:

① 大修过程控制,为下一燃料循环水质控制打好基础;

② 启动过程中二回路完全冲洗、净化;

③ 运行期间水质的调节和控制应及时,不要出现偏差。

从控制杂质来源看包括以下几方面:

① 补给水的质量控制应严格，减少由补给水带进杂质；

② 化学药品，包括化学添加剂及用于现场的辅助材料应严格管理；

③ 防止凝汽器泄漏；

④ 优化凝结水精处理装置的运行，减少其带来的负面影响。

从改善二回路系统运行环境来看包括以下几方面：

① 选择适当的 pH 值；

② 选择适当的 pH 调节剂；

③ 控制适当的联氨的浓度；

④ 适当的控制阴、阳离子摩尔比。

秦山核电站为了实现达到世界先进水平的目标，于 2004 年专门成立了改善 WANO 化学性能指标小组，重点解决影响 WANO 化学性能指标的给水中铁以及蒸汽发生器排污水中钠含量偏高的问题。该小组通过对一系列薄弱环节的改进，使二回路系统水质不断改善，WANO 化学性能指标也不断进步，最终达到了世界先进水平。

2）二回路系统采取高 AVT(All Volatile Treatment，以下称全挥发法处理)

秦山核电站由于凝汽器出现泄漏的次数比较多，又由于二回路系统主要是碳钢材料，随着设备的老化腐蚀比较严重，反映在给水中铁含量较高，这些腐蚀产物转移到蒸汽发生器，对蒸汽发生器的换热管会造成不利的腐蚀环境，可能影响蒸汽发生器结构材料的完整性。

秦山核电站为解决给水中铁含量相对较高的问题，从化学控制上将高挥发性的氨改为挥发法性较低的乙醇胺和高挥发法处理两种方式进行纠正。由于碳钢和低合金钢腐蚀速率能够随 pH 值升高而降低的特点，从 2004 年开始，把给水的 pH 值由 9.4 提高到 9.7；同时，以前的运行方式是维持凝结水全流量处理，后将凝结水精处理装置的处理流量由 100%下降到 30%。从整个二回路系统的腐蚀产物变化情况来看，改进后采取高 pH 值运行，可以有效地控制二回路系统的腐蚀。

3）增加循环海水二次滤网

秦山核电站采取增加循环海水二次滤网、对海水旋转滤网进行改造、加强对凝汽器钛管的在役检查、采用预防性堵管等措施后，目前凝汽器泄漏的次数明显减少。

4）凝汽器热井中加装磁力过滤器

在对凝结水进行全流量处理时，凝结水精处理装置兼做除铁过滤器，给凝结水精处理装置带来不少负担，同时容易造成树脂的污染。为此，在凝汽器热井底部共安装了 56 片磁栅，二回路系统启动过程中进行小循环冲洗后，磁栅上吸附了很多的腐蚀产物，循环冲洗后磁栅取出清洗，可重复使用。循环冲洗后发现磁栅能吸附 20 kg 左右(湿重)的腐蚀产物，而一个燃料循环，约能吸附 70 kg(湿重)的腐蚀产物，由此可以看出磁栅在吸附凝结水中的腐蚀产物方面具有良好的效果。

5）凝结水精处理装置的优化运行

凝结水精处理装置运行时注意几点：

① 避免树脂性能下降对水质的影响，防止碎树脂进入二回路系统，根据需要及时更换树脂。

② 离子交换树脂的处理工艺要科学合理，每一步的淋洗达到合格，出水电导率要符合要求。

③ 凝汽器泄漏时，使凝结水精处理装置优化运行。

6）严格控制大修和启动过程水质

大修过后，停堆和启动期间，水质受到检修的影响及工况的变化最容易波动，加强这一阶段化学管理和控制对于改善功率运行期间的水质相当重要。表 4-2-4 列出了第四燃料周期开始第一月和第五燃料周期执行启、停堆期间化学控制后第一月二回路系统水质比较，可看出水化学参数改善相当明显。另外大修结束后，系统的清洗也相当重要，必须倍加重视。

表 4-2-4　第四燃料周期和第五燃料周期第一月二回路系统水质比较

系　统	控制参数	第四燃料周期	第五燃料周期
蒸汽发生器排污水	阳离子电导率/(μS/cm)(25 ℃)	1.02	0.161
	pH 值(25 ℃)	8.81	9.10
	钠/(mg/L)	0.019 0	0.000 74
	氯/(mg/L)	0.025 4	0.003 02
	硫酸根/(mg/L)	0.021 5	0.004 48
给水	阳离子电导率/(μS/cm)(25 ℃)	0.142	0.125
主蒸汽	阳离子电导率/(μS/cm)(25 ℃)	0.126	0.088

综上所述，秦山核电站二回路系统采取高挥发法处理，对凝结水精处理装置的优化运行、大修及启动过程的严格管理，加上二回路系统水化学的改进，保证了秦山核电站十几年的安全运行。到目前为止，蒸汽发生器传热管未出现过破损，也没有进行过堵管。由于有效地改善了二回路系统的水化学环境，使 WANO 化学性能指标逐步达到了世界先进水平。

复习思考题

1. 复习射线与物质相互作用部分内容，重点是中子与物质的作用。

2. 水作为压水堆冷却剂的优点？水的辐照分解产物及影响因素？写出反应方程式。

3. 硼酸水溶液在反应堆条件下的辐射分解及其影响？

4. 向压水堆冷却剂中加氢的目的是什么？冷却剂中氢含量控制的指标是多少？

5. 反应堆的反应性控制系统执行哪些任务？

6. 何谓可溶性中子吸收剂？可溶性中子吸收剂应用的优点？以硼酸为例叙述良好的可溶性中子吸收剂应具备哪些条件？硼酸在反应性控制中的弱点？硼酸浓度如何调节？硼酸的化学式？简单说明硼酸水溶液的物理化学性质？

7. 举例说明异常反应性变化和 pH 值的关系，并定义反应性的 pH 效应和反应性的 pH 系数。

8. 叙述碱性水质对压水堆结构材料的腐蚀有抑制作用及 pH 值对腐蚀产物运动的控制作用。

9. 简述一回路冷却剂 pH 值的控制方法。良好的 pH 控制剂应具备哪些条件？

10. 氢氧化锂、氢氧化铵和氢氧化钾作为 pH 控制剂各有什么优、缺点？

11. 简述氢氧化锂、氢氧化铵的物理化学性质？分别举例说明它的应用。

12. 简述水净化的方法？何谓离子交换树脂？离子交换树脂的分类及物理性质？其使用温度是多少？写出阳、阴离子交换树脂的交换反应方程式。

13. 解释总交换容量和工作交换容量。交换容量分哪两种表示方法？

14. 离子交换的净化效率和去污因子的定义和表达式。

15. 核级树脂的预处理和转型过程？锂型、铵型树脂是如何转型的？简述纯水制备的方法、其中二级除盐的流程及优点，离子交换树脂的再生方法及所用试剂？

16. 绘图说明冷却剂循环净化系统流程及各组成部分的功能。

17. 简述硼回收系统的主要任务？浓硼酸储备液的浓度及应用中的注意事项？什么叫做硼酸的热再生法？

18. 二回路的 pH 控制剂应具备哪些条件？

19. 试述二回路炉水 pH 值的控制方法。试述二回路排污水的净化和排放。

20. 何谓电导率？写出摩尔电导率的表达式、SI 单位及符号。

21. 何谓阳离子电导率？测量中的优、缺点？如何鉴定凝汽器有无泄漏？

22. 试述二回路循环冷却水系统的处理方法。

23. 阅读和理解 WANO 化学性能指标与二回路水化学改进的研究及展望。

第五章　水化学准则和质量控制

5.1　水化学准则

5.1.1　一回路系统水化学准则

(1) 概述

核电厂的各级管理人员和各岗位的技术人员，必须清楚地知道一、二回路水化学处于非正常情况下运行会造成的恶果，若处理不当将带来严重的经济损失，造成各类事故的发生。因此电厂应该根据本厂设计特点、燃料包壳、结构材料，特别是蒸汽发生器换热管性能特点拟定工作人员必须遵循的化学控制准则和反应堆不同运行模式下的水化学指标，其原则如下：

1) 确定一、二回路水中的杂质在运行中可合理达到尽可能的低值。

2) 行动基准和纠正措施均与核电厂的技术指标相一致。

3) 行动基准应该依水化学的变化对反应堆系统结构材料、燃料包壳腐蚀行为和辐射场放射性积累的定量数据为依据，如缺少定量的数据时，拟定的行动基准应慎重、切实可行。

4) 化学控制和判断参数值应依本厂的仪器设备和操作方法所能达到为目标，并且实现所得数据重现性要好。

(2) 化学准则

1) 水化学控制的目标

① 减小均匀腐蚀，避免发生局部腐蚀开裂，确保燃料包壳和回路系统压力边界屏障的完整性。

② 使腐蚀产物的产生、释放和向堆芯转移量减至最小以控制辐射场的剂量率。

2) 内容

为补偿反应堆的过剩反应性需要向堆内加入硼酸；为了调整 pH 值又定量地加入了 pH 控制剂氢氧化锂或氢氧化钾(VVER 反应堆加入此种碱化剂)；为抑制水的辐照分解，向冷却剂中定量地加入氢气(H_2)；前苏联 VVER 型压水堆是连续不断或周期性地向冷却剂加氨使之辐照分解产生的氢气抑制水的辐照分解。

还需严格控制形成沸石的化学元素，如 Ca、Mg、Al、Si 等，它们主要来自补给水。

在反应堆运行期间，必须维持一回路冷却剂的 pH 值在弱碱性范围内，并保持稳定；当 300 ℃时，通常 pH 值控制在 7.2±0.1 左右，以减少类似于 Fe_3O_4 的腐蚀产物在燃料包壳表面上的沉积。

3) 常用的名词定义

① 核电厂运行模式

一回路水化学准则涉及三种核电厂运行模式(见表 5-1-1)。运行模式的确定是以反应堆冷却剂系统的热工水力条件来划分的。因为它影响水化学环境，也与标准技术规范规定的运行模式相一致。

表 5-1-1 运行模式

模 式	核电厂状态	反应堆工况
1	冷停堆	<120 ℃
2	启动	>120 ℃,但未达临界
3	功率运行	反应堆临界

② 期望值(或理想值)、限值(或极限值)

凡影响反应堆运行安全的重要化学参数定义为控制参数。首先应该确定每个控制参数的期望值(或理想值)限值(极限值),超出限值就必须采取行动,纠正存在的问题。对于不直接影响运行安全,但对反应堆材料,燃料包壳性能和辐射场剂量积累有影响的化学参数定义为“诊断”参数。这些化学参数虽不具有行动基准,但也应设预定限值。

③ 行动基准

三种行动基准规定,如确认控制参数超过限制,就应采取纠正措施。行动基准不能代替水化学技术指标,但应与技术指标上的要求相联结。

ⅰ)行动基准 1 规定的值通常是核电厂正常运行的限值。如水化学中的一个参数超过行动基准 1,要采取纠正措施:

a. 使参数在 7 天内恢复到技术指标规定的限值以内。

b. 如 7 天内不能使超标参数恢复到正常值,应对此做出技术评审和纠正措施,并执行。

ⅱ)行动基准 2 规定了参数的限值,如运行中的数据超过此限值,并在短期内对系统的完整性构成显著的损害,要迅速采取纠正措施:

a. 使超标参数值在 24 h 内降到行动基准 2 的限值以内。

b. 假如在 24 h 内达不到上述要求,则核电厂主管部门应组织有序地停堆,并尽量使反应堆处在冷停堆状态。如停堆前水化学情况得以恢复到行动基准 2 要求的范围内,则反应堆可提升到满功率运行。

c. 超过了行动基准 2 规定的时间限值,实施了反应堆停堆,此时应对此事件做出技术评审,并在反应堆重新启动前采取相应的纠正措施。

ⅲ)行动基准 3 规定了参数的限值,如运行中水化学参数超过行动基准 3 的限值,如继续运行将对核电厂极为不利,则采取措施:

a. 迅速有序地停堆,尽可能使冷却剂温度降至<120 ℃。

b. 若达到行动基准 3 规定的条件,迫使反应堆停堆后,应对此事件进行技术上的评审,一定要在采取了纠正措施后,反应堆再重新启动。

④ 纠正措施

在运行过程中只要一个参数接近或超过基准值,纠正措施就应该执行;其方法取决于各核电厂设计特点和参数类别,但必须预先制定纠正措施,可参照以下几点建议:

a. 将现有分析结果与以前的数据进行比较,确认目前水化学情况。

b. 证实并切断杂质来源。

c. 增加取样和分析频度,观察水化学的短期趋势并证实临界化学参数分析结果的正确性。

d. 证实冷却剂净化系统是否以最大流量投入运行，并确认离子交换柱净化效率是否良好。

压水堆核电厂三种运行模式下的水化学参数，应根据各核电厂的特定情况制定，所有的技术人员和管理人员必须通晓并遵照执行。

5.1.2 二回路系统水化学准则

(1) 内容

减少二回路系统设备的均匀腐蚀速率及蒸汽发生器传热管管板、支撑板上淤渣的沉积量；尽量减少二回路系统，特别是蒸汽发生器传热管的局部腐蚀开裂，提高电厂安全性及可利用率。

(2) 常用的名词定义

1) 运行模式

蒸汽发生器三种运行模式与其热工水力条件，见表 5-1-2。

表 5-1-2 运行模式

模 式	蒸汽发生器状态	反应堆一回路工况
1	冷停堆/湿态保养	<93 ℃
2	升温	>93 ℃ 反应堆功率<5%
3	功率运行(>5%)	功率>5%

2) 行动基准

为保护二回路系统和蒸汽发生器的完整性，水处理的方法是采用加入氨—联氨来实现的，并且水中杂质浓度规定了各项指标。行动基准的划分是以非正常水化学工况时控制参数为依据的。

① 行动基准 1

迅速找出水质超标的原因，可不降功率运行，但一周内，应使参数恢复到正常值以内；如确认偏离参数不能在一周内恢复到正常值以内，且偏离值继续增大到行动基准 2 的值时，就采用与行动基准 2 相适应的措施。

② 行动基准 2

在执行行动基准 2 的措施 4 h 以内，要将功率降到适宜水平(一般是 3%或更低)；参数偏离值在 100 h 内应恢复到正常值内，若偏离继续增大到行动基准 3 的值时，就应该按行动基准 3 的规定执行。

③ 行动基准 3

确认二回路水化学偏离到行动基准 3 的值时，在 4 h 之内应停堆，并以充排方式对系统和蒸汽发生器进行清洗，然后重新充水直到二回路水达到正常值；清洗时，蒸汽发生器是处于热态还是朝冷停堆状态过渡取决于二回路水中超标的有害杂质的危害程度。应采取迅速有效的手段。

3) 纠正措施

① 将现有的各种分析结果与在线监测数据相比较,做出判断。

② 切断杂质来源。

③ 将蒸汽发生器排污量加至最大,以除去有害杂质。

④ 增加取样和分析频度,以观察其发展趋势,尽快地做出正确判断。

对于核电厂二回路系统三种运行模式下的水化学参数的限值,行动基准及各类控制参数,要根据本厂的具体情况,制定适当地纠正措施,确保二回路系统的安全运转。

5.2 冷却剂的质量标准

5.2.1 一回路系统冷却剂的质量规范

为了保证压水反应堆核电厂能够较长时间安全、稳定的运行。对冷却剂的质量提出严格的要求,特别是反应堆经过一段时间的运行,冷却剂中物质被活化产生感生放射性;水在屏蔽射线时,自身发生分解,以及反应堆内各种材料发生腐蚀、磨蚀等;更重要的是,对冷却剂中添加剂,如中子吸收剂硼酸、pH 控制剂氢氧化锂(或氢氧化铵)的加入量及运行中的配比;对引起材料腐蚀的各类有害元素,如:溶解氧、溶解氢、氯离子、氟离子等都制定了质量标准并进行监督控制。参见表 5-2-1,表 5-2-2。

(1) 主要控制项目

1) 氧

在无氧的高温水中,不锈钢表面将生成 Fe_3O_4 和 $\gamma\text{-}Fe_2O_3$ 型氧化物,二者的物理性质很相似,都是具有磁性,有相同的晶体结构,构成致密牢固的氧化膜,这层膜能够防止金属基体与水接触,保护金属不被进一步氧化。相反,如果水中含有游离氧,由于 $\alpha\text{-}Fe_2O_3$ 的不断生成和剥落将加剧了不锈钢的腐蚀,除均匀腐蚀外,氧还可导致晶间应力腐蚀。不过氧的最大危害还在于它和氯或氟的共同作用造成不锈钢的应力腐蚀断裂。当冷却剂中游离氧的浓度低于 0.1 mg/L 时,足以免除卤素离子引起应力腐蚀,所以这个数值就成了冷却剂中游离氧含量的上限。蒸汽发生器的二回路侧炉水,因含盐量高,碱性强,更易引起应力腐蚀,故对游离氧含量的控制更要严格些,一般应小于 0.02 mg/L。

2) 氢

如果水中含有氢气,则由于它和辐解氧化产物之间的辐射合成作用,能够抑制水的辐射分解,当然也就抑制了氧或氧化性自由基的发生,从而抑制了金属腐蚀。通常,每公斤冷却剂中,加氢的期望值是 25～35 ml/kg H_2O,限值通常是 25～50 ml/kg H_2O(标准状态)。氢不但能抑制水的分解,同时还能通过辐射合成 NH_3 而除去水中的氮气。氮气虽不直接引起腐蚀,但在有氧存在时能在辐照条件下合成硝酸,见下式:

$$2N_2 + 5O_2 + 2H_2O \longrightarrow 4HNO_3 \qquad (5\text{-}2\text{-}1)$$

从而引起 pH 值下降。这种既有氧又处于低 pH 值条件下,将加速材料腐蚀。所以,除了用 NH_3 作为 pH 的添加剂的反应堆外,都应尽可能除去水中氮气。

表 5-2-1　压水堆一回路冷却剂质量标准推荐值

反应堆	国名	电导率(25 ℃)/ $\mu S \cdot cm^{-1}$	总固体/(mg/L)	pH(25 ℃)	硼酸/(mg/L)(B)	氢氧化锂/(mg/L)(Li)	溶解氧/(mg/L)	溶解氢/(mol/kg H_2O)(标准状态)	氨/(mg/L)	氯/(mg/L)(Cl^-)	氟/(mg/L)(F^-)	联氨/(mg/L)
巴布科克·威尔科克斯公司	美国	取决于添加物浓度	1	4.8～8.5	<2 200	0.5～2.0	≈0	15～40		<0.1	<0.1	0.1～1.0
燃烧工程公司	美国	取决于添加物浓度	<0.5	4.5～10.2	<2 500	<0.5	<0.1	10～50	<0.5	<0.15	<0.10	
西屋公司	美国	取决于添加物浓度	1.0	4.5～10.5	0～4 000	0.22～2.2	<0.10	25～35		<0.15	<0.15	
	日本	1～40		4.5～10.5	0～4 000		<0.1	25～35		<0.15	<0.15	
	德国	2～3(最大为30)		4.5～9.5	0～628	0.2～2	<0.05	<3 mg/L		<0.2		<20

表 5-2-2　压水堆一回路冷却剂质量标准推荐值

反应堆	国名	电导率(25℃)/ $\mu S \cdot cm^{-1}$	总固体(碱和硼酸除外)/(mg/L)	pH(25 ℃)	硼酸/(mg/L)(B)	氢氧化锂/(mg/L)(Li)	溶解氧/(mg/L)	溶解氢/(mL/kgH_2O)(标准状态)	氯离子/(mg/L)(Cl^-)	氟离子/(mg/L)(F^-)	氨/(mg/L)
京纳	美国	1～40	＜1.0	4.2～10.5	0～3 000	0.21～2.1	＜0.1	25～35	＜0.15	＜0.1	＜20 mg/L(当代替 LiOH 作为 pH 控制剂时)
鲁宾逊	美国	＜2.0	1.0	4.2～10.5	0～3 000	0.22～2.22	0.1	25～35	0.15	0.1	
印第安角	美国	1～40	1.0	4.2～10.5	0～3 000	0.22～2.22	0.1	25～35	0.15	0.1	
郇山	美国	1～40	1.0	4.2～10.5	0～4 000	0.22～2.22	0.1	25～35	0.15	0.15	
法雷	美国	1～40	1.0	4.2～10.5	0～4 000	0.22～2.22	0.1	25～35	0.15	0.1	
萨勒姆	美国	1～40	1.0	4.2～10.5	0～4 000	0.22～2.22	0.1	25～35	0.15	0.15	
勇士	美国	1～40	＜1.0	4.2～10.5	0～4 000	0.22～2.22	0.1	25～35	0.15	0.10	
美滨	日本		＜0.5	4.2～10.5	0～4 000	0.21～2.1	＜0.1	25～35	＜0.15	＜0.15	
北安纳	美国	1～40	1.0	4.2～10.5	0～4 000	0.22～2.22	0.1	25～35	0.15	0.1	
卡塔贝	美国	1～40	1.0	4.2～10.5	0～4 000	0.22～2.22	0.1	25～35	0.15	0.1	
华盛顿公用电力供应公司	美国		1.0	4.6～8.5	17～1 800	0.2～2.0	＜0.1	15～40	0.1	0.1	
新沃罗涅什	苏联		＜0.1	10～10.5	0～3 000		＜0.02	30～60	＜0.05		10～30
莱茵斯保	德国			＞8	0～800						39.5

3）氯离子

不锈钢应力腐蚀破裂的概率正比于氯离子浓度和游离氧含量的乘积。当氧含量较高时，即使氯离子浓度低于 1 mg/L，应力腐蚀破裂也会发生。特别是在泡核沸腾条件下，氯离子可能在传热表面或结构缝隙处浓缩，从而增加应力腐蚀的机会。为防止应力腐蚀，除应严格控制氧含量外，氯离子浓度不宜超过 0.1 mg/L。

4）氟离子

水中微量氟离子（约 10 mg/L）能显著加速锆合金的腐蚀和吸氢；在氧与其共同作用下可引起不锈钢的应力腐蚀。在不发生沸腾的情况下，氟离子含量应小于 2 mg/L。考虑到堆芯可能发生局部沸腾浓缩，压水堆冷却剂的质量标准均将氟含量控制在 0.1 mg/L 以下。

5）pH 和 pH 控制剂

一回路 pH 值，通常控制在 7.2±0.1 左右（300 ℃）；据文献记载 pH 值在 9.5～10.5（25 ℃）时为最佳，提高冷却剂的 pH 值能减少腐蚀。常用的 pH 控制剂有 LiOH 和 NH_4OH 两种。LiOH 浓度一般控制在 3.5 mg/L 以下，才能保证对锆合金不发生不利影响。因 NH_4OH 的碱性较弱，欲达到最佳 pH 值，需要添加氨水的量较多；氨的浓度虽高，但对锆合金没有腐蚀作用。

6）总固体量

冷却剂中总固体量由悬浮固体颗粒和溶解盐类两部分组成的。总固体量的数值常以一定体积的水沸腾蒸干后所得到的干渣量表示。总固体量过多会加剧结构材料的腐蚀和磨蚀。对含有硼酸或 pH 控制剂的冷却剂，总固体量的测量是没有意义的，这项指标主要用来衡量补给水的纯净度。

7）放射性活度

冷却剂中的放射性物质来自：

① 水及其杂质的活化；

② 裂变产物的释放；

③ 腐蚀产物的活化；

④ 化学添加物的活化。

通常对冷却剂放射性活度不规定指标，因为它完全由燃料包壳破损率和冷却剂净化系统的效率所决定，而这两个参数则是给定的，但少数国家对此也有作出规定的。

（2）可参看表 5-2-1 和表 5-2-2。

（3）可参照我国秦山第二核电厂压水堆一回路冷却剂的化学规范，见表 5-2-3。

（4）可参照的其他压水堆电厂一回路水的质量规范，见表 5-2-4。

表 5-2-3 正常功率运行、热备用、热停堆状态一回路化学规范

参数	单位	期望值	限值	分析频率	最大间隔	说明
硼	mg/kg	根据反应性控制要求	0～2 500	连续	10 天	1）每天人工测量一次与在线表相比较 2）若硼表不可用则每 8 h 人工测量一次 3）若硼表不可用，应在 10 天内修复

续表

参　数	单　位	期望值	限　值	分析频率	最大间隔	说　明
锂	mg/kg	硼锂曲线确定	0.35～3.0	1/天	1天	见相关图例
氯化物	mg/kg	<0.05	<0.15	1/周	10天	以 Cl^- 计，超限值后的规定见相关规程
氟化物	mg/kg	<0.05	<0.15	1/周	10天	以 F^-，超限值后的规定见相关规程
硫酸盐	mg/kg	<0.05	<0.15	1/周	10天	以 SO_4^{2-} 计，超限值后的规定见相关规程
溶解氢	ml/kg (STP)	25～35	25～50	连续	3天	1)周手动测量一次，并与在线表比较 2)若在线氢表不可用，应在3天内修复 3)见“注1”和相关图例
硅	mg/kg	<0.6	<1.0	1/月	45天	以 SiO_2 计，超过限值时每天一次
钙	mg/kg		<0.05	1/月	45天	超过限值时每天一次
镁	mg/kg		<0.05	1/月	45天	超过限值时每天一次
铝	mg/kg		<0.05	1/月	45天	超过限值时每天一次
悬浮物	mg/kg		<1.0	不定期		见“注2”
溶解氧	mg/kg		<0.10	1/周		见“注3”
电导率(25℃)	μS/cm	1～40		1/周		
pH(25℃)			4.5～10.5	1/周	10天	
钠	mg/kg	<0.10	<0.20	不定期		当 ^{24}Na 明显升高时跟踪测量
氨	mg/kg	<0.5		不定期		见“注4”
总γ活度				连续	10天	每周手动测量一次，取样后约1 h测量
总β活度				1/周	10天	取样后约1 h测量
γ谱	MBq/t			1/周	10天	取样后约1 h测量，见“注5”
氚活度	MBq/t	<30 000		1/周	10天	见“注6”
总α活度	MBq/t	<0.004		不定期		当一回路的 ^{134}I 比活度>5 550 MBq/t 和测出 ^{239}Np 时，每周测量

注：1. 在压力容器待打开时的停堆前24 h，允许溶解氢将其浓度降至15 ml/kgH_2O(STP)以下；

2. 当主回路放射性高或RCV过滤器异常堵塞时，测量悬浮物含量；

3. RCP系统平均温度>120 ℃时，若溶解氢小于25 ml /kgH_2O(STP)，每天测量溶解氧；

4. 机组启动加联氨除氧阶段监测，氨和联氨浓度小于1 mg/kg才能投运RCV除盐床；功率稳定运行锂浓度异常升高时监测；

5. 当活度超出技术规范中规定的活度限值时增加γ谱测量频率；

6. 控制一回路氚活度是为了限制相关系统的氚和一回路的氚向二回路渗漏，当超过期望值时应考虑措施减少高氚水的回收；

7. 关于一回路功率运行阶段放化参数的限值见RCP有关规定和RCP相关图例。

表 5-2-4　功率运行时一回路水的质量规范

参　数	单　位	期望值	限　值	分析频率	备　注
B	mg/kg		0～2 300	每天一次	1
Li^+			0.6～2.2		2
H_2(溶解)	ml/kg	25～35	25～50	每周一次	1～3
Cl^-	mg/kg	<0.05	<0.15		4
F^-		<0.05	<0.15		4
SO_4^{2-}		<0.05	<0.15		
O_2(溶解)			<0.10		4,5
SiO_2			<0.20	每周一次	
Ca^{2+}			<0.10	每月一次	
Mg^{2+}			<0.10		
Al^{3+}			<0.10		
Na^+		<0.1	<0.20		
固体悬浮物			<1.0	需要时	
NH_4^+		<0.5		需要时	

注:1. 在线监测;
　2. 正常功率运行时;
　3. 停堆时的氢浓度另有规定;
　4. 极限条件另有规定;
　5. 当溶解 H_2<15 ml/kg H_2O 时,连续监测。

(5) 反应堆设有补给水水箱,水箱水的质量规范,参见表 5-2-5。

表 5-2-5　补给水水箱(硼和水补给系统)水的质量规范

参　数	单　位	期望值	限　值	分析频率	备　注
总电导率(25 ℃)	μS/cm		<1.0	每天一次	1
O_2(溶解)	mg/kg		<0.10		1
Cl^-+F^-			<0.10	每周一次	2
SiO_2			<0.10	每月一次	2
Ca^{2+}			<0.020		2
Mg^{2+}			<0.020		2
Al^{3+}			<0.020		2
Na^+			<0.015		2
SO_4^{2-}			0.05	需要时	2

注:1. 充水后监测;
　2. 如果总电导率太高时监测 pH 值和 NH_4^+ 浓度。

5.2.2 二回路系统水的质量规范

(1) 二回路系统用水的分类及质量规范

二回路系统的水常称作炉水，或称作载热剂，按它们的来源和在整个回路系统的作用不同，可分为：除盐水、给水、凝结水和排污水，因其来源和用途的不同，对其有不同的要求，并规定不同的质量规范。

1) 除盐水

除盐水是原水经预处理，再经离子交换树脂除去了阴、阳离子杂质后所制得的。除盐水常称作去离子水或纯水，其水加药前的质量规范，参见表 5-2-6。

表 5-2-6 除盐水的质量规范

参数	单位	期望值	限值	分析频率
λ^+(25 ℃)	μS/cm		<0.2	连续
Cl^-+F^-	μg/kg	<2+2	<100	1次/月
Na		<2	<5	连续
SiO_2(溶)			<20	连续－1次/月
SiO_2(总)		<50		6次/月
固体悬浮物			<50	1次/月

2) 给水

给水是源于除盐水，将除盐水按照二回路系统添加化学药剂的操作加药，得到二回路系统实际应用的水化学调节的给水，其质量规范见表 5-2-7。

3) 凝结水

凝汽器是水—汽回路中的负压部分，当载热蒸汽推动汽轮机运转后，通过凝汽器时载热蒸汽便被冷凝成水，它的冷却是由循环冷却水(海水)来完成的，为了减少热力设备和管道的腐蚀，凝结水也需要进行必要的处理后再用。凝结水的质量规范，参见表 5-2-8。

4) 蒸汽发生器排污水的质量规范，参见表 5-2-9。

(2) 二回路水质监测

1) 在线监测

二回路的化学监督主要依赖于化学在线仪表，它具有以下优点：

① 连续监测，可及时发现异常现象，操作员立即采取行动，及时解决；

② 减少取样及实验室手工操作引入的误差，从某种意义上来说，可提高结果的可靠性。

2) 取样分析

取样分析受测试条件及测试频率的限制，作为在线监测的补充，便于更全面、准确地掌握二回路水质，深入分析仪表测量数据可信度，尤其仪表失控、故障情况下，必须取样分析来确认回路水质情况。

以上各水质规范表中，在“分析频率”一项，注明“连续”的均为在线仪表监测，其他为取样分析。在二回路设有多处取样点和监测点。

3) 电导率和阳离子电导率的测量

见本书第四章 4.2.3 节。

表 5-2-7　蒸汽发生器主给水质量规范

<table>
<tr><th>参　数</th><th>单　位</th><th>期望值</th><th>限　值</th><th>正常频率</th><th>最大间隔</th><th>说　明</th></tr>
<tr><td>pH (25 ℃)</td><td></td><td>9.6～9.8</td><td>9.4～10.0</td><td rowspan="3">连续</td><td rowspan="2">3 天</td><td>见“注 1”</td></tr>
<tr><td>溶解氧</td><td rowspan="2">μg/kg</td><td></td><td><5</td><td>见“注 2 和 3”</td></tr>
<tr><td>联氨</td><td>30～200</td><td>>30</td><td>10 天</td><td></td></tr>
<tr><td>氨</td><td>mg/kg (NH_4^+)</td><td>1.5～4.0</td><td></td><td>1/周</td><td>10 天</td><td>与 pH 值和电导率进行对照</td></tr>
<tr><td>阳电导率 (25 ℃)</td><td rowspan="2">μS/cm</td><td><0.1</td><td><0.2</td><td rowspan="2">连续</td><td></td><td>见“注 2 和 3”</td></tr>
<tr><td>总电导率 (25 ℃)</td><td>8～15</td><td></td><td></td><td>与 pH 值和 NH_3 含量进行对照</td></tr>
<tr><td>铁</td><td>μg /kg</td><td><5</td><td><10</td><td>1/周</td><td>10 天</td><td></td></tr>
</table>

注：1. 当凝结水精处理系统全流量运行时，pH 值保持在 9.3～9.5；非全流量运行时，根据处理流量，pH 值保持在 9.4～9.6，以保持树脂适当的再生频度；

2. 当二回路启动阶段阳电导率、溶解氧、铁含量会高一些，在短期超出限值是允许的；

3. 二回路启动阶段蒸汽发生器供水由辅助给水切换至主给水前，主给水应满足条件：溶解氧<100 μg/kg；阳电导率(25 ℃)<1.0 μS/cm；钠<5 μg/kg。

表 5-2-8　凝结水的质量规范

<table>
<tr><th>参　数</th><th>单　位</th><th>期望值</th><th>限　值</th><th>分析频率</th><th>备　注</th></tr>
<tr><td rowspan="3">O_2</td><td rowspan="3">μg/kg</td><td><5</td><td><12</td><td rowspan="3">连续</td><td>$P \geqslant 40\% P_n$ 时</td></tr>
<tr><td></td><td><20</td><td>$P < 40\% P_n$ 时</td></tr>
<tr><td><100</td><td></td><td>热停堆或热备用</td></tr>
<tr><td>λ^+ ($\frac{1}{6}$凝结水抽取系统)</td><td rowspan="2">μS/cm</td><td><0.2</td><td><0.5</td><td>连续</td><td></td></tr>
<tr><td>λ^+ (凝结水抽取系统)</td><td><0.2</td><td><0.5</td><td>连续</td><td></td></tr>
<tr><td>Na</td><td>μg/kg</td><td><1</td><td><5</td><td>连续</td><td></td></tr>
</table>

表 5-2-9 蒸汽发生器排污系统的质量规范
(蒸汽发生器正常功率运行)

参　数	单　位	期望值	限　值	正常频率	最大间隔	说　明
阳电导率(25 ℃)	μS/cm	<0.3	<0.8	连续	3 天	
钠	μg/kg	<3	<20	连续	3 天	每周 3 次人工测量
pH(25℃)		9.3～9.7	>8.9	连续	3 天	
氯化物	μg/kg	<3	<20	1/周	10 天	
硫酸盐	μg/kg	<3	<20	1/周	10 天	
氨	mg/kg	根据 pH 值		1/周	10 天	
硅(以 SiO_2 计)	mg/kg	<0.5		1/周	10 天	
悬浮物质	mg/kg	<1		1/月	45 天	
总 γ 活度	MBq/t	<0.1	<0.4	连续	3 天	每月人工监测
γ 谱				不定期		总 γ 有明显变化时量

注:1. 正常功率运行期间蒸汽发生器水质运行限制要结合正常功率运行期间的钠和阳离子电导率图,见本书图 4-2-9;
2. 当水质参数不满足要求时,应立即采取措施,查找杂质来源(包括补水、化学添加剂、凝汽器泄漏等);
3. 机组启动阶段,在热停堆前应建立排污流量,并以尽可能大的排污流量运行;
4. 正常运行期间,以尽可能大的排污流量运行。

5.3 水质监测中分析技术的应用

5.3.1 冷却剂质量控制的重要性

核电厂各级管理和运行人员,必须清楚地知道,冷却剂的质量控制对保证燃料包壳、系统设备和结构材料(如主管道、蒸汽发生器传热管)的完整性,对保证活性区以外系统和环境放射性水平的稳定是十分重要的。为控制冷却剂质量在所期望和限值的范围内,防患于未然,必须采取积极有效的措施,对某些监测项目不仅要采用在线测量,还要对其进行定期周期性的取样分析。如何获得有代表性的样品是个重要的问题。

关于取样,美国 American Society for Testing and Materials (以下简写作 ASTM)中 D1066、D1192 和 D3370 介绍了一般工业上的取样工艺,可参照使用。

(1) 分析化学在反应堆化学中的地位及应用

人们常将分析化学中的分析监测工作称为科研、生产的“眼睛”,压水堆的“分析监测中心”就起到了这一作用。它可以及时地发现并解决反应堆工程设计及运行中的冷却剂环境,材料及其相容性等各类化学问题。对确保反应堆的安全运行及在指导今后反应堆的设计、建造方面起着极其重要的作用。

分析化学的任务和分类方法介绍如下:

分析化学的主要任务是研究物质的质和量的组成,测定方法和有关理论的一门科学。它几乎与国民经济的一切部门都有着密切地关系,一切产品原材料的选择、生产过程的控制,产品质量的检验都要靠分析化学提供数据。进行判断并做出决定。

分析化学有各种分类方法,现就一般分析方法分类如下,见表 5-3-1。

在日常的工作中,常常习惯于根据样品用量不同来分类,见表 5-3-2。

表 5-3-1 分析方法分类

分类方法	据被测对象不同	据样品用量不同	据分析手段不同
分析方法	无机分析	常量分析	化学分析:定性分析 定量分析(重量分析、容量分析、气体分析)
		半微量分析	仪器分析:光度分析(吸光光度法、原子吸收光谱法、发射光谱法)
	有机分析	微量分析	电化学分析(电位分析法、电导分析法、极谱分析法)
		超微量分析	色谱分析(气相色谱法、液相色谱法、离子色谱法)
			放化分析和活化分析

表 5-3-2 样品用量不同的分析方法分类

方 法	样品量/mg	试液体积/ml
常量分析	100~1000	10~100
半微量分析	10~100	1~10
微量分析	0.1~10	0.01~1
超微量分析	0.001~0.1	0.001~0.1

(2) 分析化学中常用的名词和术语

1) 标准溶液

浓度准确配制成已知标准量的溶液。在化学分析中依此溶液作为计算的标准。

2) 控制分析

在生产工艺流程中,对某工序的产品或中间产品、半成品进行的定量分析称之为生产过程的控制分析。

3) 仲裁分析(也称裁判分析)

不同单位对分析结果有争执时,要求有关单位按指定的方法进行准确的分析,以判断原结果的正确性。

4) 流线分析(也称在线分析)

对工艺流程中的某些组分不经取样而直接在管道中进行的分析,通过仪表,自动报出

(或记录)结果。以达到控制生产的目的。因此,它是生产自动化的前提。

5) 纯度分析

纯度分析是习惯用语,一般指产品中主要成分含量的测定及产品中杂质的分析。纯度分析的结果可以确定样品或产品的质量。

6) 化学试剂分级

一般指化学分析中所使用的药品,如:硫酸、盐酸、硝酸、氯化钠、氢氧化钠、氢氧化锂等,根据试剂中杂质含量的多少,划分几个级别。如:

a. 工业纯

属纯度很低的实验试剂,此种产品杂质含量较多,纯度差,仅仅适用于一般实验室用,因为价格低廉,工业中大量地采用此种试剂。

b. 化学纯

属三级品,此种试剂适于一般的定性分析及有机物和无机物的制备上。通常用“C、P”符号表示试剂级别。

c. 分析纯

属二级品,此种试剂纯度较高,仅次于一级品,适于容量分析和一般的比色和光度分析。通常用:“A、R”符号表示试剂级别。

d. 保证试剂

属一级品,常称优级纯。此种试剂纯度高,杂质含量少,适用于准确度较高的分析。通常用“G、R”符号表示试剂的级别。

e. 光谱纯

此种试剂比一级品纯度还要高,杂质含量极低,纯度极高,用光谱法检查不出其杂质,或杂质含量不致影响微量及超微量的分析结果,但制备困难,价格较贵。通常用“S、P”表示试剂级别。

f. 高纯

随着微量和超微量杂质元素分析工作的开展,原有试剂纯度已不能满足要求,有些酸,如盐酸、硝酸出现了高纯级,此种纯度的试剂总杂质含量小于 0.01%。

g. 各行业根据工作的需要,可以向生产部门提出一些特殊要求,如:电子纯,色谱纯及核级纯试剂也相继问世。

5.3.2 分析技术的应用

(1) 吸光光度法

吸光光度法是基于被测物质的分子对光辐射具有选择性吸收的特性而建立的分析方法。它包括以比较有色溶液深浅的比色法和通过欲测溶液对不同光辐射的选择性吸收来测定物质含量的分光光度法。

吸光光度法应用地较为广泛,可测定绝大多数的无机离子,与其他分析方法相比,本法灵敏度较高,可测至 10^{-6}～10^{-9} g 的微量组分,如果用浓度表示可测毫克每升至微克每升的未知杂质。方法的相对误差为 2%～5%,若使用精密的仪器,误差可降至 1%～2%。

基本原理

1) 溶液对光的吸收与颜色的关系

如果把光按其频率或波长的大小排列，电磁波范围很大。波长从 10^{-2} nm(100pm)～10^{5} cm(10^{15} pm)，可见光区 4×10^{2} nm(4×10^{5} pm)～7.6×10^{2} nm(7.6×10^{5}pm)。

当一束白炽灯光通过某溶液时，选择性地吸收了可见区域中某波段的光，而让其余波段的光都透过了，溶液当然呈现出透过光的颜色。然而在透过光中，只有与溶液选择吸收光的互补色光才会引起人们视觉的特殊色感；其他部分则仍然互补，所以溶液呈现的颜色恰是它吸收光的互补色。例如，硫酸铜溶液因吸收了白光中的黄色（580～610 nm)而呈现蓝色(450～480 nm)，因为黄色和蓝色为互补色。

如果测量溶液对最大吸收波长(常用 λ_{max}表示)的光产生吸收，以吸光度为纵坐标，以波长为横坐标作图，可得一条曲线，称吸收曲线或吸收光谱。不同浓度的同一物质，它的最大吸收波长是不变的，但吸光度随浓度增大而增大，据此可知未知物的浓度。

2）光吸收定律

朗伯—比尔(Lambert-Beer Law)定律

$$A = \lg \frac{I_0}{I} = \varepsilon LC \tag{5-3-1}$$

式中，A——吸光度(又称光密度或消光值)；

I_0——入射强度；

I——透过光强度；

L——液层厚度(或称吸收光程)，cm；

ε——摩尔吸光系数，L/(mol·cm)；

C——待测组分浓度，mol/L。

式(5-3-1)就是吸光光度法最基本的定律，朗伯—比尔定律。参见图 5-3-1。

在有些书中这样记载：吸光度 A 等于透光率的负对数，透过率 T 等于$\frac{I}{I_0}$，所以写作：

$$A = -\lg T = -\lg \frac{I}{I_0} = \varepsilon LC \tag{5-3-2}$$

则，$T-10^{-\varepsilon LC}$，可见吸光度与吸光物质的浓度成正比，而透光率与吸光物质为负指数关系。若以吸光度(或透光率)为纵坐标，以吸光物质浓度为横坐标作图，得 A-C 是一条直线，就是通常说的标准曲线。从图 5-3-2 中可以看出，待测物质在一定浓度范围内与吸光度呈线性，根据这个原理采用标准曲线法和标准加入法可以测定未知物质的含量。朗伯一比尔定律这一光吸收的规律不仅应用于吸光光度法中而且也应用于其他一些先进的分析技术中，如原子吸收光谱技术等。

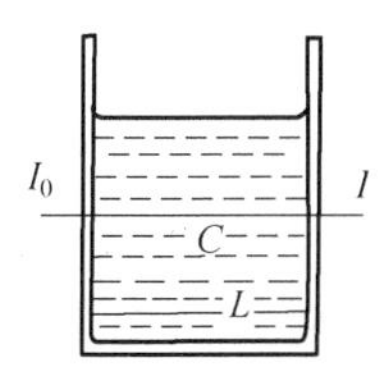

图 5-3-1　吸收池示意图

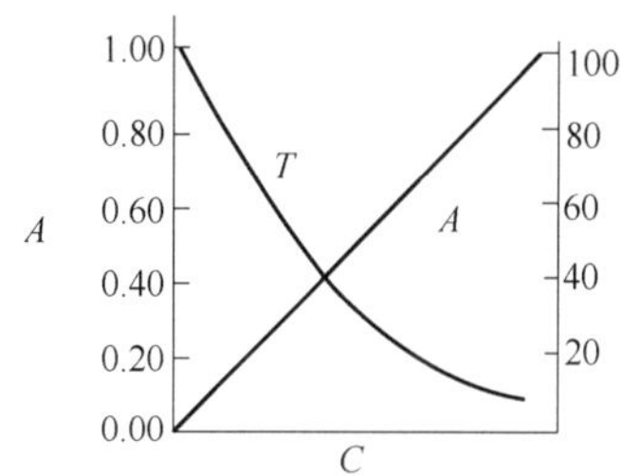

图 5-3-2　吸光度、透光率与浓度关系

(2) 分析方法的应用

关于分析方法,在 ASTM 上均记载了被世界各个国家公认的各种元素、有害杂质及气体的测定方法,但对于压水堆核电厂的高温、高压、强放射性这样特定的条件,如何保证分析结果的准确性,是要做些工作的,如:给仪器生产厂家提出特殊要求,或在 PWR 核电厂应用此方法之前必须做验证。

1) 锂(Li)、钠(Na)和钾(K)的测定

通常采用火焰光度法,测至 mg/L 级。也可选用原子吸收光谱(AAS)和等离子体发射光谱法(ICP)。

2) 钙(Ca)和镁(Mg)的测定

钙和镁,采用分光光度法。现在较多采用火焰原子吸收法,可测至 mg/L~μg/L 量级。

3) 氟(F^-)、氯(Cl^-)和硫酸根(SO_4^{2-})等阴离子的测定

离子色谱技术可以完成多组分阴离子分离和测定,即快速,又准确,灵敏度高,测定下限可在 mg/L~μg/L 量级。还可选择其他方法。

4) 硼的分析

多采用电位滴定法,且作为常规分析方法。等离子体发射光谱法应用于测定硼含量低于 50 μg/L 的样品,离子色谱法也可采用。

5) 水中溶解氢

通常用气相色谱法测定。

6) 水中溶解氧的测定

通常用比色法。氧表可实现在线测量。

7) 硅的测定

通常用钼酸铵光度法,也可用石墨炉原子吸收法测定总硅量。

8) 氨

通常采用比色法或离子选择电极法来测定。

9) 联氨

多采用分光光度法来测定。

10) 铝及其他腐蚀产物

常用方法是分光光度法,近年采用无火焰原子吸收法测定铝,有较高的灵敏度,另外可用等离子体发射光谱法。

11) 悬浮固体的测量

通常采用蒸发称量法。

12) 放射性同位素的分析

采用高分辨率的 γ 谱仪,测定冷却剂水样和溶解气体,可以得到 γ 能谱图,据此可以做裂变产物的分析。如果要准确知道 β 放射体,如氚分析 ,就需要将样品进行放化分离纯化或采用液体闪烁计数法。

13) 有机物分析

离子交换树脂、润滑油、清洁剂及补水中的有机物,这些物质及它们的分解产物进入冷却剂,对结构材料及燃料包壳都会产生不良影响。总有机碳(TOC),总碳(TC)和总无机碳(TIC)的分析可用气相色谱法和质谱法。

14）pH 值的确定

欲知溶液或冷却剂 pH 值的方法有：目视比色法（试纸法、指示剂法）、计算方法和电位测定法。很多电厂已实现了在线监测，即在回路系统安装工业酸度计，随时可以观察记录结果；但实验室的取样分析是必不可少的，根据具体情况确定分析周期。用电位测定法要做到每天必须采用两点校正法校正仪器，方可得到满意的数据。

15）电导率的测定

电导率的测定采用在线监测，即在回路系统安装工业电导池，同时必须要有实验室的取样分析，根据具体情况确定分析周期，以进行数据对照。

复习思考题

1. 熟悉一、二回路系统的水化学准则。
2. 熟悉一、二回路冷却剂质量规范，并叙述质量控制的重要性。
3. 压水堆冷却剂分析常用的方法有哪几种？根据样品用量不同又是如何分类的？
4. 试述化学试剂是怎么分级的？它们的表示符号是如何书写的？
5. 试述朗伯一比尔定律，并写出表达式，说明式中符号的物理意义及单位？
6. 熟悉压水堆冷却剂控制分析的项目及分析方法。

第六章 放射性污染及其处理

6.1 去污的必要性

6.1.1 系统和设备去污的必要性

这里的“去污”是指除去放射性。它涉及的面很广，如系统和设备的去污，墙壁、地面的去污，工具、仪表的去污，防护用品乃至人体的去污等。去污方法种类很多，可分为机械方法和化学方法两大类。机械方法适用于表面比较平坦的局部去污，应用的局限性大，效率不高；如采用高压水冲洗、打磨、喷砂等，并要求有专门的工具，如喷枪、刷子、砂轮等。化学方法是利用化学制剂的溶解作用去除表面污染，效率高，适用性广。

(1) 反应堆运行期间需要去污

随着反应堆运行时间的增长，长寿命的活化腐蚀产物在主回路内表面的沉积和裂变产物从燃料包壳破损处的释放，使设备周围的辐射剂量增高。表 6-1-1 为美国和加拿大七座水冷堆电厂一回路设备周围的辐射剂量率。其中五座因剂量不断增长对运行有明显影响。据资料记载人员的年吸收量是设备污染剂量与维修工作量的乘积。核电站运行初期，职工年吸收剂量保持在较低水平。以后则因设备渐趋陈旧，而辐照剂量却继续增加，职工所受剂量亦不断上升。所以活化腐蚀产物对检修工作的影响很大，是核电站运行中的一个尖锐问题。在可能的条件下应该建立周期性去污制度，有人提出每六年去污一次为好，整个系统的周期性整体去污应采用化学方法。

表 6-1-1 水冷堆的辐射剂量率

反应堆	辐照剂量/(μC/kg・h)(停堆一天后的测定值)			目前趋势	主要核素
	主管道	反应堆冷却剂泵	主蒸发器		
A	19.4	7.74	2.58	稳定	^{58}Co
B	—	—	—	—	^{60}Co
C	232	129	—	减少	^{65}Zn
D	116	123	6.45	增加	^{60}Co
E	64.5	1.55	11.6	增加	^{58}Co
F	129	10.3	90.3	增加	^{50}Co
G	129	129	310	增加	^{60}Co

(2) 设备检修与去污

蒸汽发生器是核电站的关键设备之一，其性能直接影响核电站的运行。蒸汽发生器中有大量的薄壁传热管，常因腐蚀等原因而发生泄漏。由于一、二回路的压差很大，细小的裂口往往会造成相当可观的泄漏量。不仅蒸汽发生器的事故是频繁的，而且放射性污染也是严重的。且随运行时间增长而迅速增大(见图 6-1-1)。在蒸汽发生器的外部操作尚可加屏蔽，但在水室内部进行检修(如堵管)时，往往就非去污不可。去污后，不仅设备表面沾污剂量得以降低，而且由于去污过程中，除去了大量腐蚀产物，减少了它在设备或系统内的聚积，有利于安全运行并提高了传热效率。

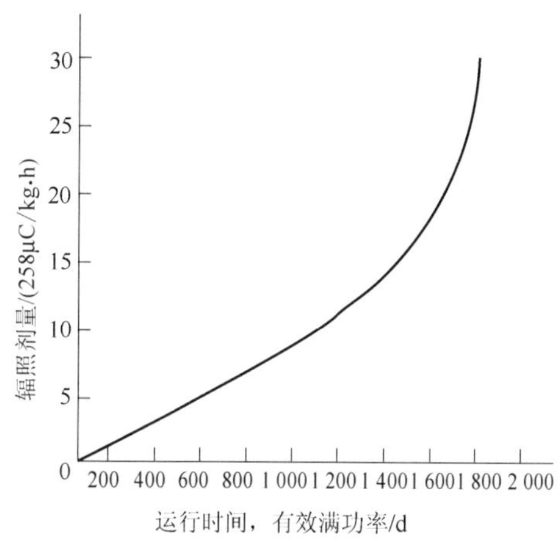

图 6-1-1　印第安角-1 核电厂蒸汽发生器出口管板处辐照剂

6.1.2　系统和设备去污应考虑的因素

(1) 去污因子与腐蚀率

① 去污因子或去污系数，即去污前后待去污表面的放射性强度(或辐照剂量率)之比。

② 腐蚀率，常用去污前后单位面积上材料质(重)量的增减或与此相当的均匀穿透厚度表示。不言而喻，理想的去污方法应该是具有最大的去污因子和最小的腐蚀率。但是待去污的表面若准备更换或废弃不用，则可不考虑腐蚀的影响。去污效能好的化学制剂往往腐蚀性也强。但借助于缓蚀剂的作用可以降低腐蚀率。目前已应用的去污方法，去污因子相当高，同时又能将腐蚀控制在允许限度内。

(2) 就地去污与吊装去污

去污的实施方法有就地去污和吊装去污两种。对一些难以拆卸的大型设备或装置，只能采用就地去污的方法，即将去污工具和试剂送到现场进行去污。这种方法难度较大，事先需周密计划和安排，最好在反应堆设计时就预先考虑周到。对那些易于拆卸的小型设备或零用专用工具在专用设备中采用吊装去污，此法安全方便，去污效率高，经去污后的零部件一般可以直接检修。

(3) 去污剂的选择

良好的去污剂应具备以下条件：

① 对去污表面浸润性好；

② 对腐蚀产物和放射性物质溶解能力强；

③ 不引起基体金属材料的显著腐蚀；

④ 在温度和辐射场作用下，金属溶解物不生成二次沉淀；

⑤ 易于用水冲洗干净；

⑥ 价格便宜。

水对金属的浸润不太理想，添加少量(0.01%～0.04%)的表面活性剂(如去污粉、石油磺酸、肥皂等)即能大大降低水的表面张力，增强其对金属表面的浸润能力。

酸性溶液对腐蚀产物的溶解是有利的，适当加热能提高溶解速度。无机酸类对氧化物的去除能力很强，但腐蚀性也强。有机酸(如草酸、柠檬酸)及络合剂(如 EDTA)对某些金属氧化物的溶解能力很强，腐蚀性又小，已经替代了无机酸而成为主要的去污剂。但是这类物质酸性较弱，对压水堆结构材料表面的尖晶石型氧化膜的去污能力有限，因此，往往要预先对表面进行氧化处理，再除去。即后面将要谈到的两步去污法。

(4) 减少去污废水量

去污废水量是衡量去污过程的另一指标。化学去污一次往往要产生数十倍于设备容积的废水，其中大部分是冲洗水。这些废水的组成很复杂、固体含量高，若处置不当往往会使废水处理的费用抵消了去污的效益。整体去污的费用很高，其中废水处理费用占了全部费用的一半以上。废水量不仅与去污液浓度有关，即去污液越浓，冲洗水量就越大，而且还与去污的工艺过程有关。若被去污的系统或设备排水量过小，则滞留在隙缝、死角等处去污液不易被冲洗水冲洗干净，从而大大增加了废水量。用离子交换床循环处理冲洗水，可减少废水量。

(5) 实施条件

为了达到良好的去污效果，在去污过程中还需控制温度，搅动去污溶液或对去污表面有一定的冲刷速度，见表 6-1-2。

表 6-1-2　表面的冲刷速度对去污因子的影响

表面冲刷速度/(m/s)	0.091	0.64	2.2
去污因子	100	200	1 000

(6) 化学去污方法的强化手段

① 浸泡搅拌法：将待去污设备浸入或充入去污剂溶液，加热搅拌。

② 喷射法：使去污液形成具有一定压力的流体，喷向去污表面，以强化去污过程。

③ 过热蒸汽载带法：过热蒸汽通过喷射器吸入一定量的去污液，变成饱和或接近饱和的蒸汽，进入待去污的设备或系统中。此法特别适合大型容器的去污。大大减少了去污液和废液体积。

④ 超声波法：本法能加快化学反应速度，提高效率。但设备比较复杂，成本较高。

⑤ 电解法：将待去污金属物件置入去污液中，通以直流电，电解时的氧化一还原过程能加速去污过程，提高去污效率。电解法不适于结构形状复杂的物件的去污，因为复杂表面难于建立均匀电场，容易导致突出部位的电解腐蚀量过大。

6.2　系统和设备的化学去污原理

6.2.1　系统和设备化学去污的原理

(1) 化学去污的基本方法

早期水冷反应堆的去污大都使用碱性高锰酸钾和草酸-柠檬酸(及其盐类)两步去污法。两步法去污是用碱性高锰酸钾对去污表面进行预处理，再用草酸-柠檬酸及其盐类的混合溶液或络合剂，如：乙二胺四乙酸(EDTA)溶解腐蚀产物，从而除去放射性。

(2) 原理

1) 碱性高锰酸钾预处理

在反应堆高温高压条件下，不锈钢或因科镍表面会生成一层尖晶石型氧化膜，膜上又沉积了一层较疏松的腐蚀产物，活化的腐蚀产物和裂变产物的放射性就集中在这两层物质中，所谓去污，实际上就是除去这两层物质。而这些氧化物，尤其是底层氧化膜十分稳定牢固，用机械方法或简单化学溶解方法难以将它们完全除去。试验和去污实践表明，在酸洗前用碱性高锰酸钾溶液（$KMnO_4-NaOH$）预处理对去污表面是有利的。碱性高锰酸钾溶液对不锈钢和因科镍氧化膜有如下作用：

① 将尖晶石型氧化物中 Cr^{3+}，氧化成 Cr^{6+}，后者能溶解在碱溶液中；

② 将 Fe_3O_4 氧化成溶解度较大的 Fe_2O_3；

③ 将基体金属表面层的某些元素（以 Me 表示）转化成氧化物：

$$2Me + 2OH^- - 4e \longrightarrow Me^{2+} + MeO + H_2O \tag{6-2-1}$$

这些作用改变了构成氧化膜元素的价态，使膜变得疏松，容易被酸溶解。用碱性高锰酸钾处理能够除去大部分 ^{51}Cr 和少量的其他放射性核素。但 90％以上的放射性是在下一步酸洗过程中去除的。表 6-2-1 用一个比较典型的配方，3％高锰酸钾加 5％～10％氢氧化钠，温度约 100 ℃，作用时间 1～4 h 的去污结果。

表 6-2-1　碱浓度对两步法去污因子的影响（$KMnO_4$ 浓度为 3％）

碱浓度/％	2	10	20
去污因子	125	500	1 000

2）有机酸及其盐类对腐蚀产物的溶解

草酸和柠檬酸及其盐类（尤其是铵盐）的混合物能够有效地溶解金属氧化物，且腐蚀性很小。草酸对氧化物的溶解能力很强，但溶解产物易水解，生成不溶性草酸亚铁重新沉淀下来，加入柠檬酸铵后，由于后者对金属离子的络合作用，能够把溶液中铁离子的浓度降低到不产生草酸盐沉淀的程度。其他络合剂，如 EDTA 也能达到同样的目的。实际应用中应尽量降低去污液浓度，当系统或设备污染严重，对去污因子要求又较高时，可适当增加酸洗或碱洗的次数。（注意：每一步之后都要用清水将去污剂溶液冲洗干净。）

6.2.2　化学去污的实例

（1）两步法去污实例

希平港核电厂是世界上第一座商用压水堆核电厂。经 5 年多的运行后，欲对其进行重大改装，故于 1964 年 3 月用两步法进行了整体去污（稳压器除外，堆芯已取出）。为防止一回路去污液漏入二回路，在三个环路的二回路侧注入高压水，另一个注入氮气。专门为去污添加了 15 台阴、阳离子交换床，循环处理去污冲洗液。此次去污取得了满意的结果（见表 6-2-2），共洗出腐蚀产物 30 多千克，其中钴-60 的放射性达 16.17 TBq，材料腐蚀率在允许限度内。莱茵斯堡核电厂蒸汽发生器检修时，采用的去污步骤（酸－碱－酸），对整个主回路连同堆芯燃料元件一起进行了去污。见表 6-2-3。莱茵斯堡核电站经此次去污从 1 700 m^2 不锈钢和 1 400 m^2 锆铌合金表面共洗下 100 千克腐蚀产物，其中放射性达 55.5 TBq（10^{12} Bq）（主要是 ^{51}Cr），腐蚀率可以忽略。

表 6-2-2 希平港反应堆两步法去污结果

测量部位	去污前辐照剂量率/(μC/kg·h)	去污后辐照剂量率/(μC/kg·h)	去污因子
管道壁	59.8	1.21	49
蒸汽发生器	77.6	1.60	49
一般区域	25.8	6.45	4

表 6-2-3 莱茵斯堡电站去污结果

设 备	辐照剂量率/(μC/kg·h)		去污因子
	去污前	去污后	
反应堆冷却剂泵冷却器	180.6	25.8	7
主管道	28.38	6.45	4.4
蒸汽发生器下部	232.2	25.8	9
蒸汽发生器中部	412.8	15.48	27
蒸汽发生器上部	25.8	2.58	10
反应堆	>774.0	77.4	>10

(2) 加拿大去污法

加拿大重水铀反应堆(CANDU－PHW)主回路结构材料与通常的压水堆有许多相似之处。多年来,皮梯特(R Pettit)等人(见,AECL－5113,1975)对这类堆型的去污方法进行了精心的研究,提出了加拿大去污法(CANDECON)。该法的特点是直接将有机络合剂注入回路冷却剂中,使之成为低浓度去污液,通过反应堆冷却剂泵循环加热进行整体(包括堆芯)去污。在循环过程中,连续从回路中引入一定量的去污溶液,经过滤器和阳离子交换器处理后,再返回去污回路。使去污液再生复用,去污作业结束后,去污液连续循环通过混合床离子交换器,除去杂质离子,恢复冷却剂要求的水质。本法最大优点是,无需放空冷却剂,显然,这对于重水堆十分重要。去污过程中不产生废水,既缩短了去污时间又降低了去污成本(见表 6-2-4)。

表 6-2-4 加拿大去污法成本

项 目	成本/万美元
停堆损失	14.7
材料	7.3
人工	4.6
重水处理	1.8
废物贮存	2.1
合计	30.5

(3) 高温络合剂去污法

两步法去污十分有效，但其缺点一是程序复杂，停堆时间长，对于大功率电站极为不利；二是废水量大。莫斯科动力学院曾对具有良好辐射稳定性的络合剂 EDTA 的热稳定性进行了研究，结果表明，EDTA 与铁形成的络合物溶解度在 220 ℃高温下，不仅没有降低，反而略有提高，见图 6-2-1，说明提高了去污效率。前苏联曾对别洛雅尔斯克-2 堆用该法进行了整体（包括堆芯）去污，温度为 170 ℃，反应堆冷却剂泵循环流量为 1 400 cm^3/h，全部过程的持续时间为 30 h，去污废水量仅为两步法的一半。

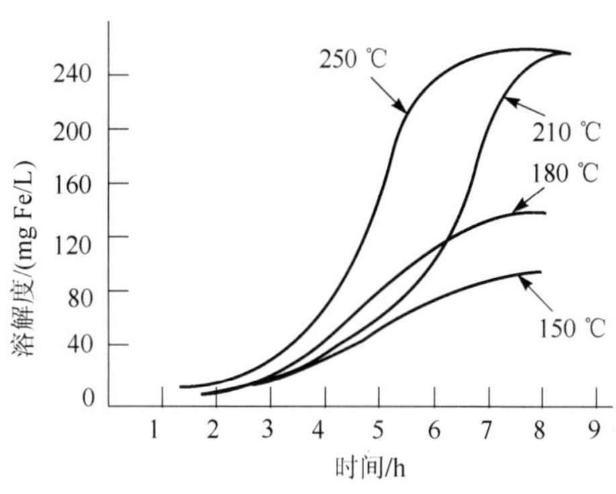

图 6-2-1　铁-EDTA 络合物的溶解度

(4) 101 重水研究堆（以下简写作 HWRR）化学去污法

我国第一座重水反应堆，运行 20 年后，于 1978 年进行大修改建。在改建过程中，第一项任务是去污，HWRR 重水堆重水系统的设备、管道、垫圈等绝大部分是 1Cr18Ni9Ti 不锈钢，少量是 CAB－Ⅱ和 AД 铝（此两种材料是前苏联牌号）。经过大量的试验研究，最后采用了四步浸泡去污法。结果经腐蚀估算和检查表明，对不锈钢材料的基体，没有造成明显的腐蚀损伤，设备可继续使用。

6.3　放射性废水的处理

6.3.1　概述

在运行和检修过程中，反应堆一回路各个系统不可避免地会产生相当数量的放射性废水，如放射性设备排放水，泵、阀门的泄漏水，放射性设备冲洗水，实验室以及热室下水和洗涤水，乃至淋浴水、洗衣水等。在正常情况下，二回路是非放射性的。但是蒸汽发生器传热管发生泄漏时，一回路侧的高压放射性冷却剂进入二回路侧，并随着蒸汽和蒸汽发生器排污水散布到整个二回路系统，此时漏入二回路的放射性就不可忽视。

废水处理的目的在于保护环境。为此，在废水处理系统中应该对废水的收集、贮存、净化以及检测排放具备充分有效的手段，严格控制废水的排放渠道和比放水平，保证符合国家法定的标准。汽轮机汽凝器采用江海水贯流冷却的方法和水冷堆核电站借助于巨大的冷却水流量，很容易把大量的放射性以远低于国家规定的比放排入江海，这当然是不可取的。近年来，环境保护的呼声越来越高，国际上对各种核设施的放射性排放提出了“尽可能少”的原则。因此，除了应对排放水的比放加以限制外，还应对放射性的年排放量作出规定。例如，美国规定每一个压水堆机组每年经由水中排出的放射性总量不得超过 0.18 TBq（不包括氚）。

6.3.2　一、二回路放射性废水的处理

(1) 一回路放射性废水的处理

根据原水水质和放射性水平，采用不同的处理方法。对放射性较高的设备排水、取样废水和辅助设备泄漏水，采用过滤、蒸发处理；必要时，将二次蒸汽冷凝液再经一次离子交换，得到的净化水比放低于 37 Bq/L，可重新用作设备清洗、树脂反洗等辅助水源，必要时也可补回主回路。对各种放射性水平较低的地面冲洗水，放射性输送容器的洗涤水，采用过滤和离子交换就足够了，如果需要也可送去蒸发处理。而洗衣水、淋浴水等，则往往可以直接排放。对反应堆弱放废水的处理，电渗析和反渗透等方法也得到了应用。表 6-3-1 列出了某些电厂一回路废水处理系统的数据。

表 6-3-1　若干压水堆核电厂一回路废水处理系统数据

反应堆	主要处理方法	年处理量/(m^3/a)	处理方法		处理前废水比放/(Bq/ml)	废水中放射性排放情况		
			复用/%	排放/%		总 β、γ/(GBq/a)	氚/(TBq/a)	废水排放时比放/(Bq/ml)
希平港	蒸发，离子交换脱气，稀释	7 500	0	100	74～1.48	2.59	1.30	3.7～2.59
杨基	蒸发	1 892	0	100	37	0.022	37	1.11×10^{-2}
康涅狄格·杨基	蒸发	4 542	5	95	3.7～0.37	5.18	62.9	3.7×10^{-3}～3.7×10^{-6}
圣奥诺弗来	离子交换，脱气衰变	约 7 500	10	90		222		3.7×10^{-3}

(2) 二回路放射性废水的处理

只有当燃料元件包壳和蒸汽发生器传热管同时发生破损时，二回路才带有显著的放射性。当燃料元件破损率达到 1%时，一回路向二回路的泄漏量若达到 370 L/d，蒸汽发生器排污水的放射性水平可达 1×10^4 Bq/L。由于蒸汽的夹带，汽轮机凝水也被沾污，但其放射性要比蒸汽发生器排污水低 3 个数量级。为了保证蒸汽发生器补给水的质量，二回路化学系统用离子交换法处理汽轮机凝水。

事实上，对一个良好的压水堆核电站来说，其燃料元件包壳和蒸汽发生器传热管同时发生严重破损的概率较小，因而需要严格处理二回路放射性废液的情况一般很少。

(3) 燃料贮存池水的净化

反应堆换料后，卸出的燃料要在贮存水池中贮存半年以上，待燃料冷却到一定程度后，再送往后处理厂。燃料贮存水池的净化系统比较简单，将池水通过一个过滤器和混合离子交换器组成的回路循环，除去池水中的悬浮颗粒和可溶性杂质，保证池水的清澈透明，这对于以池水作为屏蔽的废燃料贮存和水下废燃料运输的所有操作都是很重要的。

6.3.3 含氚废水的处理

(1) 氚的性质及辐射危害

在压水堆反应中，核燃料的裂变及冷却剂的活化不可避免地产生氚。表 6-3-2 列出了氢及其同位素的物理性质，它们物理性质上的微小差异是氢同位素分离的依据。无论在自然界还是在压水堆中，氚主要以氧化物-氚水（HTO）形式出现。几种氢同位素氧化物的若干物理性质列于表 6-3-3。它们之间在物理性质上的差异也是氢同位素氧化物分离的依据。氚放出的 β 射线能量很低，在水或人体软组织中的最大射程仅有 5 μm 左右，因而不致构成外照射危害。表 6-3-4 列出了地球上各种来源的氚造成的人体辐射量，其中核电厂所占的份额不算大。

表 6-3-2 氢及其同位素的主要物理性质

项 目	H_2	D_2	T_2
三相点温度/K(℃)	13.96(259.19)	18.73(254.42)	20.62(252.53)
三相点蒸汽压/kPa	7.20	17.1	21.6
沸点/K(℃)	20.39(252.76)	23.67(249.48)	25.04(248.11)
蒸发潜热/(hJ/mol)	9.04	12.3	13.9

表 6-3-3 氢及其同位素氧化物的主要物理性质

项 目	H_2O	D_2O	HTO
密度/(g/cm³)	1.00	1.105	
凝固点/℃	0.00	3.82	4.49
沸点/℃	100	101.42	

表 6-3-4 氚对人体的辐射量

氚的来源	全身剂量当量/(nSv/a)(1974 年估计值)
宇宙射线	15
核试验	600
核电站(现有量)	可忽视
(公元 2000 年)	20

（2）压水堆中氚的产生

1）三元裂变

重核三元裂变的概率只有二元裂变的 0.3%，并且不是每次三元裂变都产生氚。各种核燃料三元裂变的氚产额如表 6-3-5 所示。一个 100 MW（电功率）的压水堆，每年由三元裂变产生的氚约为 1.85 TBq。在反应堆运行温度下，三元裂变产生的氚有 30% 可穿透不锈钢包壳，而对锆包壳的穿透率只有 0.1%～1%。锆-4 合金的渗氢率比锆-2 合金小，这是锆合金燃料包壳的优点之一。

表 6-3-5 氚的产额

裂变核素	热中子裂变产额，^3H/裂变	燃料含氚量[1]/(TBq/t)
^{235}U	1.3×10^{-4}	12.1
^{233}U	2.6×10^{-4}	
^{239}Pu	2.3×10^{-4}	20.0

注：1）燃耗深度为 20 000 MWd/tU。

2）中子反应

① ^{10}B 的中子反应

在反应堆初始装料中，为避免正的反应性温度效应，还需在燃料栅格中装入一定量的含硼中子毒物棒。作为主要中子吸收核素的 ^{10}B 可以发生一系列伴随着氚产生的中子反应：

$^{10}B(n,2\alpha)T$；$^{10}B(n,\alpha)^{7}Li(n,n\alpha)T$；$^{10}B(n,T)^{8}Be$；$^{10}B(n,d)^{9}Be(n,2nd)^{6}Li(n,\alpha)T$

其中 $^{10}B(n,\alpha)^{7}Li$ 反应的中子截面（$\sigma=3\ 840$ 靶）最大，$^{7}Li(n,n\alpha)T$ 反应次之（$\sigma=8.56\times10^{-2}$ 靶），$^{10}B(n,2\alpha)T$ 反应更小（$\sigma=3.16\times10^{-2}$ 靶）。由后两个反应产生的氚量几乎可以忽略。

② 锂的中子反应

天然锂中 $^{6}Li(n,\alpha)T$ 反应生成大量的氚（$\sigma=635$ 靶）。

③ 氘的活化

天然水中氘与氢-1 的比例为 1.5∶10^4。氘的中子吸收反应可以生成氚（$\sigma=4.6\times10^{-4}$ 靶），但数量很少。

表 6-3-6 压水堆中由各种途径产生的氚量和进入冷却剂的氚量（燃料包壳为锆合金）。图 6-3-1 为冷却剂中氚的累积值（计算值）。

表 6-3-6　压水堆中的氚

来　源	生成量/（TBq/a）	进入冷却剂量/（TBq/a）
三元裂变	213	2.15
中子毒物棒1）	12.2	0.148
可溶性中子吸收毒物2）	10.4	10.4
^{7}Li	0.296	0.296
^{6}Li	0.185	0.185
氘	0.037	0.037
合计	236	3.2

注：1）内含 73.4 kg B_2O_3，相当于 4.52 kg ^{10}B；

2）堆芯循环初期冷却剂硼浓度为 1 020 mg/L（热态满功率，裂变氙达到平衡）。

（3）压水堆冷却剂中的氚

对于任一压水堆，当其运行比较稳定时，由三元裂变产生而后进入冷却剂中氚的积累浓度主要取决于冷却剂的更新频率。如果冷却剂的排放量或者泄漏量较大，补进的新鲜冷却剂就较多，氚的浓度也就较低，各个反应堆冷却剂氚浓度差别很大，高的达 14.8×10^4 Bq/ml，低的仅有 37 Bq/ml。由于采用了冷却剂循环复用处理流程（硼回收系统），反应堆冷却剂的排放更新量大大减少，导致氚浓度不断上升。但运行 32 年氚浓度始能达到 1.22 GBq/L，见图6-3-2。

（4）压水堆安全壳空气中的氚

如前所述，由于主回路冷却剂的不断泄漏和安全壳中空气的密闭循环，以致安全壳空气中水蒸气的氚浓度逐渐接近冷却剂的氚浓度（可达到 37 Bq/L）。当反应堆停堆换料或检修前，对安全壳进行扫气，氚即被带出。由此，每年向环境排出的氚可高达3.7 TBq。此外，因为每次换料操作时，换料水与压力壳管嘴以下剩余的冷却剂相混，换料后，换料水又重新被泵打回换料水箱，所以换料水氚浓度逐年增加。每次换料操作时，安全壳空气中的氚浓度要高于前一次。由图 6-3-3 可见，运行 15 年后换料时，安全壳空气中氚浓度最终能够达到放射性防护规定中工作场所空气中的最大容许值(图中虚线所示)。压水堆一回路水中含有绝大部分氚，而处于空气中的氚量则不到水中的 1%。

(5) 含氚废水的处置

1) 稀释排放

前述的任一废水处理工艺都不能除去氚，而用同位素分离技术除氚则费用太高，不能用于分离压水堆废液中的氚。因此，低放含氚废水除了稀释排放外，别无他法。含氚废水的稀释排放法与一般放射性废水的稀释排放法无本质区别，主要有如下几种：

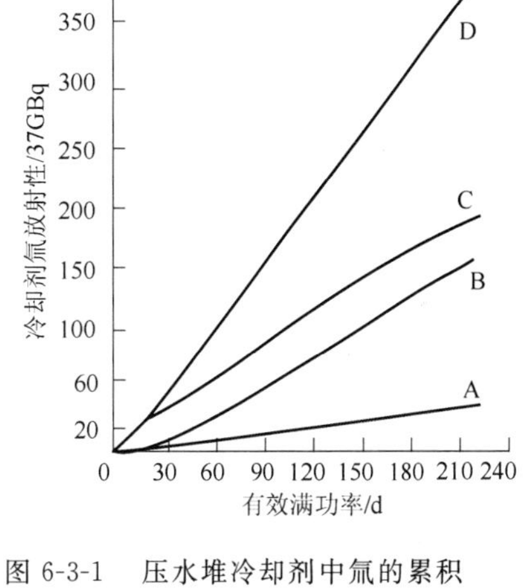

图 6-3-1　压水堆冷却剂中氚的累积
(反应堆热功率为 1 300 MW)
A—三元裂变；B—中子毒物棒；
C—可溶性中子吸收毒物；D—总量

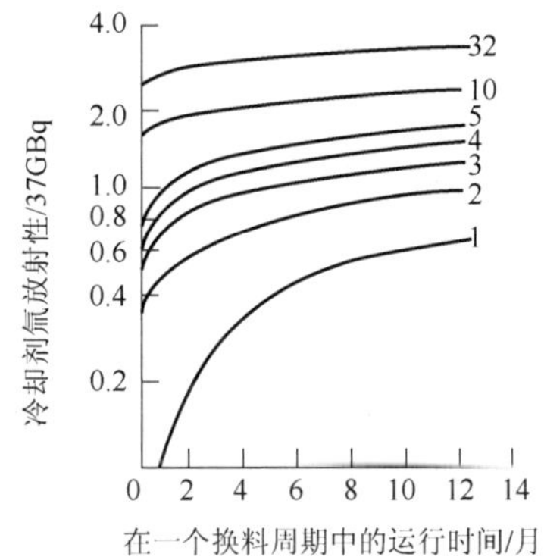

图 6-3-2　冷却剂中氚的积累
注：主回路容积 170 m^3；堆排水槽容积 213 m^3；
堆补给水箱容积 213 m^3。(每条曲线末端
的数字表明运行年限)

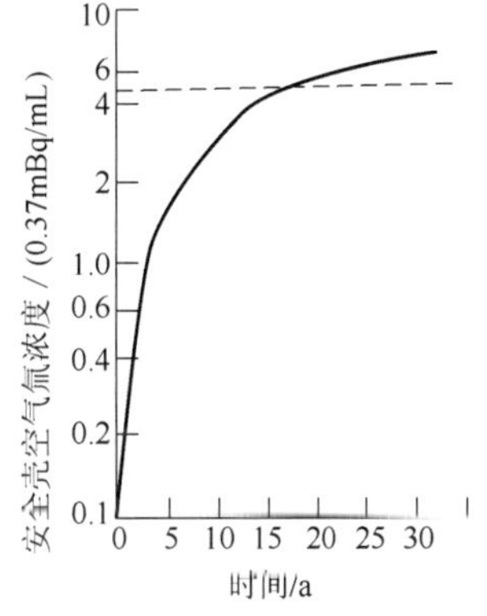

图 6-3-3　换料时安全壳空气中氚
浓度的增长
(换料水箱容积为 1 328 m^3，其他条件
同图 6-3-2)

① 地表水稀释排放

氚水具有良好的稀释性能，不为泥土吸附，又无生物浓集效应，排放江、湖或海洋后即迅速均匀地分散到水体中。海洋是氚水排放的有利场所。

就总体而言，地球表面的水体可以提供十分充裕的稀释条件，氚水排放引起氚浓度增值可以忽略。在人口密集、水源不足的地区应严加控制。

② 地表洼地(或浅沟)渗透法

将含氚废水排入天然洼地、浅沟或人工渗透池时，水一方面挥发，一方面往地下渗透。在此过程中，短寿命核素逐渐衰变，长寿命核素通过土壤的离子交换作用被吸附。而氚则一

部分渗入地下,一部分挥发到大气中。所以该法兼有衰变、离子交换和自然蒸发三个过程,适用于气候干燥,地下水位很低和人口稀少的地区。

③ 深井排放

即将含氚废水注入与生物圈隔绝的地下深井。孤立废井或废盐矿是理想的处置场所,为防止地下水污染,在排放点与地下水源之间至少应有三道地质构造上的防护屏障。排放点周围应设监测井,定期取水样分析。这种方法比较安全,成本也低,美国爱达荷工厂曾多年将废水注入地下 152 m 的深井中。

④ 含氚废气的处理

通常将气体中的氚催化氧化成水,而后用干燥剂吸附。氧化铜或铂、钯等金属可作为氧化反应的催化剂。此法去污因子可达 $10^5 \sim 10^6$。

2) 含氚废水的分离浓缩

从 20 世纪 60 年代末就开始了分离废水和废气中氚的研究,但迄今尚无一种方法能付诸应用。研究过的方法有双温交换、精馏、电解、热扩散、色层分离、溶剂萃取、激光分离、反渗透等。它们都是基于氚与氢(或氚水与普通水)物理性质(如蒸汽压、沸点和凝固点)的细微差别,来实现两者的分离,表 6-3-6 对这些方法的原理和优点、缺点进行了比较。从技术经济角度来看,较有希望的是双温水—硫化氢交换法和低温液氢精馏法。

表 6-3-6 氚水分离方法

方法	原理	优点	缺点
双温交换	利用不同温度下氚水、轻水与 H_2S 交换能力的不同,达到浓缩氚水的目的	分离系数较高,处理量大	H_2S 有毒,腐蚀性强,过程控制较困难
精馏	利用液态氢同位素以及氚水和轻水沸点或挥发性的差别,予以分离		
(1)低温精馏	将氚水和轻水分解成氚和氢,在 −250 ℃下精馏	分离系数高	操作困难
(2)真空精馏	在真空下精馏分离氚水和轻水	运行简单	能量消耗大,分离系数小
色层分离	利用特种材料对氢同位素的选择性吸附作用	运行简单	需将液态转化成气态
(1)钯黑	钯黑易吸附较轻的同位素—氢	分离系数高	吸附剂昂贵
(2)合成沸石	合成沸石易吸附较重的同位素—氚		
电解	轻水较氚水容易电解	分离系数高	能量消耗大
热扩散	利用气态同位素分子热扩散能力的差异进行分离	设计和操作简单	分离系数小,不宜工业生产
溶剂萃取	用有机溶剂选择性地萃取氚水	操作简单	分离系数和传质系数小

复习思考题

1. 系统和设备去污通常分哪两类？各有什么特点？

2. 在化学去污中的去污因子（或叫去污系数）和腐蚀率是如何定义的？就地去污和吊装去污各有什么特点？化学去污法应考虑哪些因素？

3. 简述化学去污中两步法的原理及步骤和此法的应用。

4. 一回路废水的处理应注意什么问题？二回路放射性废水处理的特点？燃料贮存池水是如何净化的？

5. 简述氚的性质及危害。压水堆中氚是怎样产生的？含氚废水如何处理？

参考文献

[1] 郑成法,毛家骏,秦启宗主编．核化学与核技术应用[M]. 北京:原子能出版社,1990.

[2] 陈鸿海主编．金属腐蚀学[M]. 北京:北京理工大学出版社,1995.

[3] 张绮霞等编．压水反应堆的化学化工问题[M]. 北京:原子能出版社,1984.

[4] 车云霞,申泮文编．化学元素周期系[M]. 天津:南开大学出版社,2000.

[5] 陈济东主编．大亚湾核电站系统及运行[M]. 北京:原子能出版社,1994.

[6] 洪锦从．岭澳核电站第1燃料循环 WANO 化学指标状况研究[J]. 广东电力,2005,18(5).

[7] 陶钧,孔德萍．秦山核电厂二回路系统水化学的改进[J]. 中国工程科学,2008,10(1).

[8] 李健美,李利民．法定计量单位在基础化学中的应用[M]. 北京:中国计量出版社,1993.

[9] 李慎安．量和单位规范化使用问答[M]. 北京:中国计量出版社,1998.

[10] 1984 ANNUAL BOOK of ASTM(American Society for Testing and Materials)STANDARDS , SECTION 11, Water and Environmental Technology.

附录

附表 1 水厂生产的除盐水和各回路净化系统采用的离子交换树脂型号及级别

<table>
<tr><th>系统</th><th colspan="2">设 备</th><th>树脂型号</th><th>处理方法</th><th>生产厂家</th></tr>
<tr><td rowspan="6">SDA</td><td>0SDA100/200/300DE(阳床)</td><td>阳树脂</td><td>001×7</td><td>盐酸再生</td><td rowspan="6">杭州争光树脂厂</td></tr>
<tr><td rowspan="2">0SDA140/240/340DE(阴床)</td><td>弱碱阴树脂</td><td>D301</td><td>氢氧化钠再生</td></tr>
<tr><td>强碱阴树脂</td><td>201×7</td><td>氢氧化钠再生</td></tr>
<tr><td rowspan="3">0SDA160/260/360DE
(一级混床)
0SDA180/280/380DE
(二级混床)</td><td>阴树脂</td><td>D201TR/MB</td><td>氢氧化钠再生</td></tr>
<tr><td>阳树脂</td><td>D001TR</td><td>盐酸再生</td></tr>
<tr><td>惰性树脂</td><td>S-TR</td><td></td></tr>
<tr><td rowspan="3">ATE</td><td>1/2ATE101/201/301/401/501CW</td><td>阳树脂</td><td>D001</td><td>硫酸再生</td><td>杭州争光树脂厂</td></tr>
<tr><td rowspan="2">1/2ATE102/202/302/402/502CW</td><td>阳树脂</td><td>Lewatit Monoplus S100H</td><td>硫酸再生</td><td rowspan="2">德国 Bayer 公司</td></tr>
<tr><td>阴树脂</td><td>Lewatit Monoplus M500</td><td>氢氧化钠再生</td></tr>
<tr><td rowspan="2">APG</td><td>1/2APG001/002DE</td><td>核级阳树脂</td><td>Amberlite IRN77#</td><td>不再生</td><td rowspan="10">美国 Rohm and Hass 公司</td></tr>
<tr><td>1/2APG003/004DE</td><td>核级混合树脂</td><td>AmberliteIRN160#</td><td>不再生</td></tr>
<tr><td rowspan="2">RCV</td><td>1/2RCV001/002DE</td><td>核级混合树脂</td><td>AmberliteIRN217#</td><td>不再生</td></tr>
<tr><td>1/2RCV003DE 除锂床</td><td>核级阳树脂</td><td>Amberlite IRN77#</td><td>不再生</td></tr>
<tr><td>PTR</td><td>1/2PTR001DE</td><td>核级混合树脂</td><td>AmberliteIRN160#</td><td>不再生</td></tr>
<tr><td rowspan="2">TEP</td><td>9TEP001/002DE</td><td>核级阳树脂</td><td>Amberlite IRN77#</td><td>不再生</td></tr>
<tr><td>9TEP003/004DE</td><td>核级混合树脂</td><td>AmberliteIRN9882</td><td>不再生</td></tr>
<tr><td rowspan="2">TEU</td><td>9TEP005/006/007DE</td><td>核级阴树脂</td><td>Amberlite IRN78#</td><td>不再生</td></tr>
<tr><td>9TEU001DE</td><td>核级阳树脂</td><td>Amberlite IRN77#</td><td>不再生</td></tr>
<tr><td></td><td>9TEU002DE</td><td>核级混合树脂</td><td>AmberliteIRN160#</td><td>不再生</td></tr>
<tr><td>GST</td><td>1/2GST001DN</td><td>核级混合树脂</td><td>AmberliteIRN160#</td><td>不再生</td><td></td></tr>
</table>

注:1. 化学试剂级别:工业优等品;

2. 本表为秦山第二核电厂实用情况,供参考。

附图1：秦山第二核电厂一回路净化系统和硼回收系统流程简图（化学和容积控制系统）

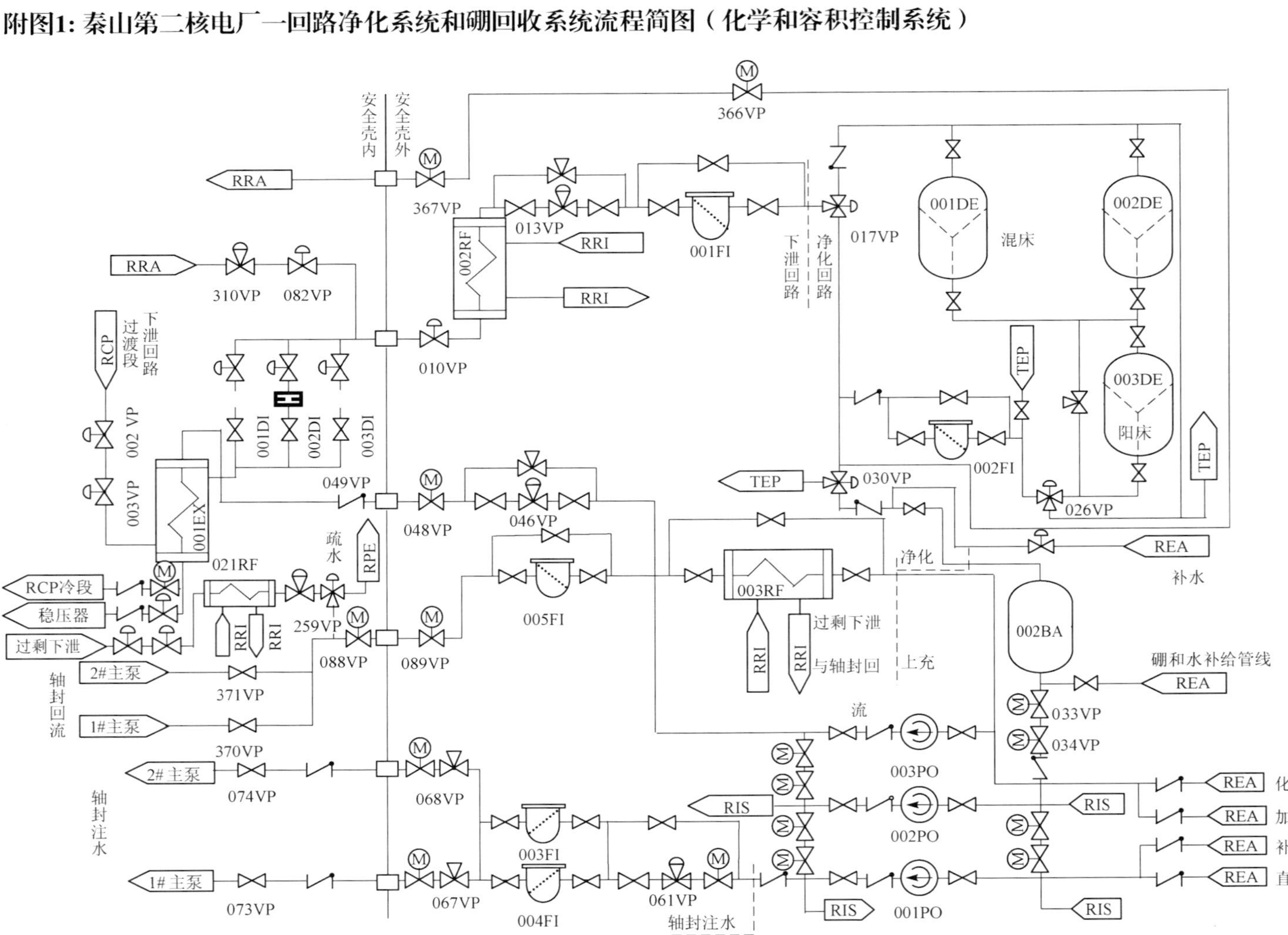

英文索引(缩写按英文字母排序)

索引-1 二字符号

缩写符号		元 件
C	CW	容器
D	DE	除盐装置
	DI	膜片、隔膜
	DN	去离子器
M	MG	物理一化学分析
P	Pn	额定功率
	PO	泵
S	SI	国际单位制
T	TR	电力变压器
V	VA	空气阀门
	VD	除盐水阀门
	VL	凝结水阀门
	VP	一回路冷却剂阀门
	VR	试剂阀门

索引-2 三、四字符号

缩写符号		元 件
A	APG	蒸汽发生器排污系统
	ASTM	美国试验材料学会(年刊)
	ATE	凝结水精处理系统
C	CEX	凝结水抽取系统
E	EDTA	乙二胺四乙酸(有机络合剂)
	ETA	乙醇胺
G	GST	发电机定子冷却系统
L	LET	线性能量转移,单位程长的能损失,传能线密度
P	PTR	反应堆换料水池和乏燃料水池冷却和处理系统
R	RCV	化学和容积控制系统
	RCP	反应堆冷却剂系统
	REN	核取样系统
	RRI	设备冷却水系统
S	SDA	除盐水生产系统
	STP	标准温度和压力
T	TEP	硼回收系统
	TEU	废液处理系统

中文索引

（本索引按汉语拼音排序，每个词条后面的数字是它在本书中首次出现的页码）